你就是不懂忍耐

格局和气度决定人生的高度

郑一 编著

中国纺织出版社

内 容 提 要

“天将降大任于斯人也，必先苦其心志，劳其筋骨，饿其体肤……”可见，成大事者，就必须忍受他人不能忍受的东西，这考验的就是忍耐力，具备超强的忍耐力，才能不断积蓄实力，成就人生。

《你就是不懂忍耐：格局和气度决定人生的高度》从忍耐这一中国式智慧谈起，并通过阐述一个个小故事来表明忍耐与相伴的放下对于成就人生的重要性，希望广大读者有所启发，都能拥有忍耐与放下的智慧力量。

图书在版编目(CIP)数据

你就是不懂忍耐：格局和气度决定人生的高度/郑一编著.—北京：中国纺织出版社，2017.12（2023.1 重印）

ISBN 978-7-5180-4298-2

Ⅰ.①你… Ⅱ.①郑… Ⅲ.①人生哲学—通俗读物 Ⅳ.①B821-49

中国版本图书馆 CIP 数据核字(2017)第 273437 号

责任编辑：闫星　　特约编辑：王佳新　　责任印制：储志伟

中国纺织出版社出版发行

地址：北京市朝阳区百子湾东里 A407 号楼　邮政编码：100124

销售电话：010—67004422　传真：010—87155801

http://www.c-textilep.com

E-mail:faxing@c-textilep.com

佳兴达印刷（天津）有限公司印刷　各地新华书店经销

中国纺织出版社天猫旗舰店

官方微博 http://weibo.com/2119887771

2017 年 12 月第 1 版　2023 年 1 月第 3 次印刷

开本：710×1000　1/16　印张：13

字数：190 千字　定价：36.80 元

前言

我们都知道，每个人都希望获得一番成就，而人生路上，你会面临各种机会，各种挑战，各种挫折，而每一次你遭受的挫折，不是命运和你开的玩笑，而是命运对你的考验。这期间就需要忍耐。翻看中国古今历史，随处可见和忍耐有关的警世箴言，比如，宋代苏洵曾经说过："一忍可以制百辱，一静可以制百动。"王安石曾说："忍一时之气，免百日之忧，一切心绪烦恼，皆从不忍生。莫之大祸，起于斯须之不忍。"再如，"小不忍则乱大谋""愤欲忍与不忍，便见有德无德""君子之所以取远者，则必有所持，所就者大，则必有所忍"……这些箴言很明显地传达了"忍"的精神与智慧。

忍耐是中国传统文化的精髓，我们称之为"中国式智慧"，中国人素来以惊人的忍耐力著称，从春秋战国卧薪尝胆的越王勾践到汉代忍辱负重写《史记》的司马迁，从明朝的李时珍到清代的曾国藩，他们都用自己的亲身经历告诉我们：决定人生成败的最重要因素，可能不是地位、财富或者人脉，而是常常被人们所忽略的一种精神品质，那就是忍耐力。

同样，现代社会，在生活中，那些成功者也无不是具备超强忍耐力的强者，他们总是拥有坚不可摧的信念，所以，他们能在困难面前毫不畏惧，能接纳痛苦、调整心态，无论外界发生什么，他们总能保持内心的平静。

当然，真正的忍耐并不是忍受，也不是消极退缩，而是一种力量的积蓄，一种等待，是成功前的沉默。人们常说，高段位的选手都有超于常人的忍耐力，的确，如果我们没有忍住不显示才华的定力，就避不开心怀叵测的缠绕，

也就看不见其后的功成名就的机遇。只有学会掩盖自己的锋芒，才能让自己在不显山不露水中茁壮成长，在众人毫不知情的敬意中完成量到质的蜕变。

当然，要攀登人生顶峰，除了忍耐，我们还要懂得放下，忍耐是一种智慧的妥协，放下更是一种智慧的妥协，两者所需要达到的目的是一样的。人生漫漫，我们更需要学会忍耐与放下，忍耐一时，成就终生；放下烦恼，方能回归心灵的乐土。

本书精选了古今中外的各种实例，内容涉及文坛巨匠、商界精英、科学泰斗等，为我们讲述了他们光环背后鲜为人知的故事，旨在让我们看到忍耐力的巨大力量，看到其是怎样影响和成功塑造一个成功者。希望对广大读者有所启发，练就超强的忍耐力，找到属于自己的精神力量，纵使成功的道路上布满荆棘，你也能勇往直前，见到花开。

编著者

2017 年 8 月

上篇　忍耐是人生幸福的良药

下篇　放下是豁达人生的智慧

目
录

上篇 忍耐是人生幸福的良药

成功，很多时候来自于忍耐，忍耐就是人生幸福的良药。人生犹如潮水一般，有潮涨的时候，也有潮落的时候。潮涨时我们要戒骄戒躁，潮落时我们要充满自信，坚定如一。人生总不会一帆风顺，在很多时候都需要学会忍耐，因为忍耐会让我们积蓄力量，忍耐会带给我们机会。

第一章

忍耐是审时度势的远见——忍小谋大，三思而行

有一种运动叫搏击，当我们收回拳头时，不是因为我们放弃了搏击，而是我们在积蓄力量，因为只有收回的拳头打出去才更有力。其实，这个过程就是忍耐。这样看来，忍耐是审时度势的远见，也就是忍小谋大，凡事三思而后行。

学会改变自己以适应现实环境

有人说："我们总是要看陌生的风景，结识陌生人，甚至，生活在一个陌生的环境里。"因为这个世界总是在不断地变化着，如果我们总是不愿意改变自己，承受不了忍耐之苦，那最终我们将被这个社会淘汰。对于我们任何一个人来说，人生的第一个忍耐就是要学会改变自己。当自己置身在一个现实的环境里，我们需要忍耐，让自己的棱角与这个社会所充斥的圆滑磨合，其中的痛苦是可想而知的。但只要我们学会忍耐，就可以慢慢地改变自己，最终让自己适应现实的环境。在现实生活中，对于许多怀抱着梦想的年轻人来说，他们把这个社会想得太美好了。在他们看来，只要自己努力就会赢得成功，只要有梦想，就一定能实现。但在残酷的现实面前，他们畏惧了、退缩了，他们觉得一直以来支撑自己走下去的梦想和理想坍塌了，他们失去了人生的支柱，固执的他们不愿意改变自己，甚至不屑于融入这个污浊的社会，他们想跟陶渊明一样寻得一方世外桃源。殊不知，世界已经过了千年，哪里还有安静之所？最后，他们只能蜷缩在角落里，静静地观望着这个世界，直至自己被这个世界所抛弃。因为不愿意改变自己，所以不能融入这个社会，不能适应现实的环境。

成功学大师拿破仑·希尔曾讲述了这样一个故事：

一位将军去沙漠参加军事演习，妻子塞尔玛需要随军驻扎在陆军基地里。沙漠干燥高热的气候，全然陌生的环境，令塞尔玛感到很难受，而身边又没有可以倾诉的人，陷于孤独的塞尔玛经常给父亲写信，在信中她透露出自己想回家的强烈愿望。然而，拆开父亲的回信，只有短短的两行字："两个人从牢中的铁窗望出去，一个看到泥土，一个却看到了星星。"父亲的回信令塞尔玛十分惭愧，她决定要在沙漠里寻找星星。

从此以后，塞尔玛开始与当地人交朋友，彼此之间互相赠送礼品，闲来无事，她开始研究沙漠里的仙人掌、海螺壳。慢慢地，她迷上了这里，并通过亲身经历，写了一本书《快乐的城堡》。

沙漠并没有改变，当地的印第安人也没有改变，是什么使塞尔玛的生活发生了巨大的变化呢？心态，当然是心态，以前惧怕陌生的塞尔玛看到的只是泥土，但是，当这样的心态发生变化后，她开始慢慢适应这个现实的环境，并在体味中追寻到了快乐，甚至，她在沙漠里找到了星星。当然，在这个过程中，塞尔玛还需要耐心地等待，慢慢忍耐，忍耐这其中的磨合与痛苦，然后才能满心欢喜地进入这个崭新的世界。

安安大学刚毕业，她怀揣着梦想走进了社会，这个自己早已向往了很久的地方。但是，第一份工作就让安安感受到了现实的残酷。当时，安安所应聘的是一位普通的职员，也就是打打电话，收收文件之类的杂事。在这之前，安安已经听学姐们说过了，工作中的人事关系是很复杂的，自己只需要做好分内工作就行了，不要太注意那些勾心斗角的事情。

安安所在的部门经理与业务部的经理是死对头，经常明里暗里地斗，安安虽然有所察觉，但她并不在意，她认为，自己只要把工作做好，是不会牵涉进去的。有一次，安安去文印室打印资料，正巧业务部的经理也在，他似乎很忙，但手中有一份文件需要打印，便吩咐安安说："我马上有个会议要开，你可不可以帮我把这个文件打印出来？"安安觉得这不过是举手之劳，就答应了。谁知，后来经理知道了，马上把安安叫到办公室大骂了一顿："你想去业务部发展吗？那么巴结人家？在我们部门，端茶递水是不是不够辛苦啊？你还有心情帮别人做事？"安安被骂哭了，一气之下辞职回家了。

安安怎么也不明白，自己并没有做错什么，为什么会这样呢？学姐听说了，专门从郊区赶回来安慰安安："这就是社会，你要学会谨慎小心做事，首先你得听从自己的直属领导，而不是随意答应别的部门领导的要求，这样会让你的领导感觉很没面子。"安安很不解："不都是领导吗？都是为一个公司

干活，为什么还分得这么清楚？”学姐解释说：“你真是太天真了，社会是现实的，那表示任何的关系都是与利益挂钩的，你慢慢就会明白了，你想融入这个社会，就应该学会忍耐，才能适应这个现实的社会……”

安安在后来的工作中，开始慢慢适应现实环境中的种种，虽然，这其中会遭受一些冷言冷语，但她始终坚持、试着去接受，慢慢改变自己固执的个性、天真的想法。最后，她成为社会的一分子，当然，她之前那些棱角也被磨平了。

“现实”这个词语总会唤起人们内心的胆怯，他们不愿意融入现实世界，更害怕自己变得棱角全无、世故圆滑，这几乎是每一个年轻人所特有的心态。每每听说社会中出现的一些不堪之事，他们总会皱眉，然后坚决地表示：“我不会成为那样的人。”但如果自己不能成为那样的人，又怎么顺利地融入这个社会呢？在万千世界，单一的个体毕竟是渺小的，就好像苍穹中的一颗星星，你的一举一动不会影响到社会丝毫。但是，社会的一些变化，将会影响到你的生活、学习和工作。换言之，在这个世界，需要人去适应环境，而不是需要环境来适应你。所以，我们要学会改变自己，改变自己的心态，以适应现实的环境。

忍耐枯燥与痛苦是成功的必经之路

在哈佛有一句名言：“请享受无法回避的痛苦，比别人更早更勤奋地努力，才能尝到成功的滋味。”自古以来，许多卓有成就的人，大多是抱着不屈不挠的精神，忍耐枯燥与痛苦之后，才从逆境中奋斗挣扎过来的。在人生的道路上，我们常常会遭受不同的挫折与困难，面对挫折，人们有着不同的理解：有人说挫折是人生道路上的绊脚石，有人却说挫折是垫脚石，所谓“百糖尝尽方谈甜，百盐尝尽才懂咸”。与河流一样，人生也需要历经洗练才会更美丽，经过枯燥与痛苦之后，才能收获成功的果实。因此，我们可以说，忍耐枯燥与痛苦是成功的必经之路。人生不可能是一帆风顺的，总会有这样或那样的挫折与困难，在这个过程中，就需要我们去忍耐这个战胜挫折过程中的枯燥与痛苦，甚至是失败。这一切都需要忍耐，如果没有坚强的意志力，就难以忍受，最后就不能获得成功。如果你想赢得成功，就不得不忍耐过程中的枯燥与痛苦、失败与辛酸。在忍耐之后继续奋斗，你才有可能走到最后，才能走向通往成功的路途。

许多年前，一位颇有来头的女性到一个学院给学生发表讲话。虽然，这个学院规模并不是很大，但这位女性的到来，使得本来不大的礼堂挤满了兴高采烈的学生，学生们都为有机会聆听这位大人物的演讲而兴奋不已。

经过州长的简单介绍，演讲者走到麦克风前，眼睛注视着下面的学生们，向左右扫视了一遍，然后开口说："我的生母是聋子，我不知道自己的父亲是谁，也不知道他是否还活在人间，我这辈子所从事的第一份工作是到棉花田里做事。"

台下的学生们都呆住了，那位看上去很慈善的女人继续说："如果情况不尽如人意，我们总可以想办法加以改变。一个人若想改变眼前不幸或无法尽如人意的情况，只需要回答这样一个简单的问题。"接着，她以坚定的语气说："那就是我希望情况变成什么样，然后全身心投入，朝理想目标前进。"说完，她的脸上绽放出美丽的笑容："我的名字叫阿济·泰勒摩尔顿，今天我以唯一一位美国女财政部长的身份站在这里。"顿时，整个礼堂爆发出热烈的掌声。

阿济·泰勒摩尔顿是一位女性，一位生母是聋子、不知道亲身父亲是谁的女性，一位没有任何依靠饱受生活磨难的女性，而恰恰是这位表面柔弱的女性，竟成为美国唯一一位女财政部长。说到自己的成功，她只是轻描淡写地说："我希望情况变成什么样，然后就全身心投入，朝理想目标前进。"这句看似平淡的话语中，透露出她作为一个女性的坚韧执着。我们甚至可以假

设,如果没有忍耐执着的品质,阿济·泰勒摩尔顿能与苦难的生活抗争吗?她能忍受那些逆境中的枯燥与痛苦吗?如果缺乏了忍耐的精神,她能实现自己的人生理想吗?是的,正是有了忍耐的品质,阿济·泰勒摩尔顿实现了自己的梦想,同时,也给无数女性树立了榜样。

格哈德·施罗德出生在德国一个工人家庭。小时候,父亲在远征苏联的战争中牺牲了,施罗德兄妹5人与母亲相依为命。有一段时间,他们住在一个临时搭建的收容所里,尽管母亲每天工作长达14个小时,但仍然不能满足家里的开支。年仅6岁的施罗德总是安慰母亲:“别着急,妈妈,总有一天我会开着奔驰来接你的。”

逐渐长大的施罗德进了一家瓷器店当学徒,后来又在一家零售店当学徒,在1963年施罗德加入了民主党。在之后的10年里,他读完了夜校和中学,后来到格丁根通过上夜大来攻读法律专业。大学毕业后,他获得了律师资格,成为一名律师。不久后,他当选为社民党格丁根地区青年社会主义者联合会主席。在以后的日子里,施罗德一直活跃于德国政坛,46岁那年,施罗德再次竞选成功,成为萨克森州州长。就在这一年,施罗德实现了儿时的梦想,开着银灰色奔驰轿车将母亲接走了。也许是儿时的苦难记忆,让施罗德在人生的道路上丝毫不敢懈怠。8年之后,施罗德一举击败连续执政16年之久的科尔,当选为德国新总理。

童年时期的施罗德曾在杂货铺里当学徒,那时他常说的一句话是:“我一定要从这里走出去!”他成功了,而且比自己想象中走得更远。即使在成功的路上伴随着困难,但是,施罗德从来没有把困难当成一回事。儿时的记忆让他明白:自己必须忍耐贫穷生活带来的枯燥与痛苦,不断地向前行,才能获得成功。

曾国藩说:“吾平生长进,全在受挫受辱之时,打掉门牙之时多矣,无一不和血一块吞下。”如果经不起挫折,忍受不了挫折带来的痛苦与失败,我们就将沉埋在毫无希望的生活里,永远没有前进的方向。凡是能够成大事者,他们必须耐得住痛苦,忍受得了失败的打击,因为成功需要暴风骤雨的洗礼。一个有追求、有抱负的人,他总是视挫折为动力。天将降大任于斯人也,必先苦其心志,劳其筋骨,饿其体肤,空乏其身,行拂乱其所为,所以动心忍性,曾益其所不能。在忍耐了那么多的枯燥与痛苦后,我们将看见最美丽的彩虹。

把目光放远,别被眼前小事所累

在生活中,老人常常说:“做事之前就要想到后面四步。”其实,向前每走一步,我们都需要相应对的方法,如果不能看得那么远,至少我们需要看见一步。做事情,不仅需要稳当、周全,而且不能急于求成,更不要被眼前的小事所累。一个成大事的人,眼光总是比身边的人看得稍远一点,并不被眼前的小事所拖累。著名的美孚公司曾做了一次赔本买卖,可是,从最后的结果来看,它虽然放弃了眼前的利益却获得了长远的发展,小利变大利、利滚利、利翻利,先前看似赔本的“买卖”,最终却获得了高额的利润。这是一种商业中的计谋,也是每一个人需要修炼的智慧。有时候,我们之所以需要放弃眼前唾手可得的东西,不为它所累,其实是为了以后更长远的发展,获得更为可观的利益。

某公司打算提拔一批年轻人进入管理层,对此,作为公司年轻有为的小李兴奋不已。机会终于来了,煎熬的日子总算过去了。小李其实在很久以前就瞄到了这个机会,当时,经理就话里有话:“以后发展的机会多得是,不久以后,我们就有一次大的人事调整。”这么久以来,他都不为任何职位所动,就等着这一天。

原来,早在6个月前,公司就进行了部门内部的人事调整。当时,作为刚刚进入公司不久的小李满怀兴奋,希望借此机会能够翻身。谁料想,整个部

门就十几个人，就为了部门经理这一个位置，每个人都报了名。小李当时就泄气了，自己还去不去争取呢？如果去争取，自己又是一个新人，估计成功率很小；如果不去争取，又怕错失了这次机会。

正在小李思考时，坐在旁边的经理说道："年轻人，我挺欣赏你的，不过，这一次，我奉劝你还是静止不动，你去争取根本没有多大的胜算。首先，你的资历还不够，工作经验都没有，怎么有资格去争取；其次，你还年轻，以后的机会还多得是，近期我们公司还会进行大的人事调动，到那时候，你已经羽翼渐丰，则可以赢得更好的职位。"小李听了，信服地直点头。

果然，经过了6个月的历练，小李在公司已小有名气，并凭着他在工作上的优秀表现，在这次人事变动中，小李轻轻松松就坐上了销售总监的位置。

在现实工作中，小到一个职员，大到一个公司，都需要有长远的打算，如果你只着眼于眼前的小恩小惠，那迟早有一天你将被利益所吞噬，职场生涯同时也宣告结束。只有将自己的眼光放得更长远一些，不为眼前的小事所累，学会忍耐，我们的职场之路才会走得更远。

在近代历史中，曾国藩无疑算是一个有远见的人。在任何时候，他都不为眼前小事所累，其最终的理想抱负是"修身、治国、平天下"，誓死效忠朝廷。

1858年，在清政府的不断催促下，曾国藩第二次戴孝出山。当时，他率领湘军，经过6年的艰苦奋战，终于攻克了金陵。这一次，宣告了太平天国运动的结束，平定了天下。另外，由于湘军号称30万大军，意味着清朝的军权第一次从满人转移到了汉人手中。这时，曾国藩的名声与威望都达到了顶峰。

在弟弟曾国荃看来，这是多么兴奋的事情，大好的利益就在眼前，于是，他极力鼓动哥哥曾国藩"自立"。不仅如此，其他一些随着曾国藩出生入死的将领也一起暗示要拥立他为皇帝。究竟是继续做万人景仰的中兴名臣，还是冒着成为乱臣贼子的风险君临天下，曾国藩为此思考了很久。

其实，最初同治皇帝曾作出承诺，谁能解除太平天国对清朝的威胁，谁能够打下南京就封谁为王。可是，等到曾国藩真的打下了南京，功高震主，又手握兵权，同治皇帝却失言了，他只封了曾国藩“一等毅勇侯”。“飞鸟尽、良弓藏”的道理，曾国藩自然明白。最后，经过番思考，他作出了惊人的决定，自剪羽翼，调散了湘军，忍耐一段时间后，重新找准了自己的位置。

历史证明，曾国藩的确是一个深谋远虑之人。在当时的情况下，皇帝宝座无疑是眼前最大的利益，凭着他当时的军事力量、能力，都有把握自立为王，但他毅然选择了放弃，这是为什么呢？曾国藩确实很有远见，即使自己攻破了南京，但他却已经看清了当时的局势：清政府派遣了许多将领驻扎在长江，一旦自己叛乱，清政府定然予以反击。而且，清政府开始有意识地培养自己身边的将领，分化湘军内部力量，一旦自立，那些将领绝不会与自己同谋。还有，从曾国藩的理想抱负来说，他只想为国家效力，几乎从来没想到自立为王。所以，即便是在功成名就之后，他依然不敢享受成功带来的喜悦，而是以长远的眼光，忍耐在皇权下战战兢兢为官。

在生活中，许多人之所以会不断地失败，是因为只看到了眼前事情所带来的麻烦，做事缺乏韧性，最后功亏一篑。自然，他们也就与成功失之交臂了。对于我们来说，在做每一件事时更需要有长远的眼光，不计较眼前的小事，关注于长远的发展，从而达到舍小利而保大局的目的。不过，在现实生活中，有的人鼠目寸光，吃不得眼前亏，心胸狭隘，容不得一点损失，最终，他们难以成就大事。

心明眼亮，看清形势再作为

在《三国志》里，司马微说：“平庸的书生文士怎么会认清天下的大势呢？能认清天下大势的人才是杰出的人物。”的确，因为只有看清了局势，方能顺

势而为。在现实生活中，我们常常用“顺”来表示美好，那些懂得顺水推舟、顺势而为的人，才能达到圆满的人生。对于生活中的我们来说，需要心明眼亮，看清形势再作为，适时忍耐，不断积蓄力量，等待着一飞冲天的那一刻。在生活中，一个人无论有多大的能力，他总是受到周围环境以及诸多因素的制约，不能为所欲为。在局势变化的情况下，如果你一意孤行，最后吃亏的只能是自己。所以，一个人要懂得认清局势，并顺应局势的变化，明时务，灵活处理自己的相关事宜。

曾国藩凭着自己几十年的仕宦生涯，对官场的险恶看得最清楚。平定太平天国运动之后，清政府对曾国荃很不放心，欲其速离军营而不令其赴任浙江巡抚。面对这一形势，曾国藩无奈，只好以病情严重为由，奏请曾国荃回乡调理，避开锋芒，不巧这正是朝廷的意思。

曾国荃回乡修养，本是曾国藩的韬晦之计，顺应形势，暂时退避是为了永久保住自己的既得利益。不过，曾国荃却是一个不甘寂寞的人，尤其对于朝廷有意牵制曾家兄弟的举措很不满，心中流露出憎恨。曾国藩却自有计策，他多次嘱咐弟弟不要轻易出山，如今时局严重，不必惹火烧身，最好在家静养一年。对此，曾国藩在日记中写道：“有见识的人士和相爱的朋友大多奉劝弟弟暂缓出山，我的意思是让弟弟多调养一段有病的身体，在家闭门3年，再挺身而出，担当天下的艰巨任务。”同时，他还嘱咐弟弟：“弟弟子素的性情就是好打抱不平，发泄公愤，同时又对朋友情谊深厚，非常仗义，这个时候告病在家，千万不要对地方公事干预丝毫。”在曾国藩的耐心劝导下，曾国荃耐着性子在湖南老家待了一年多。

直到清政府颁布诏令命曾国荃改任湖北巡抚，并帮办“剿捻”军务。这时，曾国藩认为形势已经好转，才力促弟弟出山而任事，他说：“惟决计出山，则不可再请续假，恐人讥为自装身份太重。余此信已为定论下次不再商矣。”

曾国荃的退隐和出山，均是曾国藩的权宜之计。时局严重，清朝廷对曾氏兄弟有了疑心，这时曾国藩看清了局势，规劝弟弟暂时退隐，如此一来，才能永久保住自己的利益。如果执意下去，曾国荃的官运将不会长久。在曾国藩的权益之计下，弟弟回老家修养了一年多。后来清朝廷放下了疑心，打算请曾国荃出山。于是，在顺势的条件下，曾国藩觉得弟弟出山的机会成熟了。因此，这才有了后来曾氏家族在清朝的美名。

食品公司的销售部经理离职了，这个部门经理的位置就空缺出来。虽然下面的销售人才都很不错，但被总经理提名的只有两个候选人。在周一的例行公会上，总经理就公布了这两个人的名字，并且要求他们各自在一个星期内拿出自己的市场推广方案，谁的方案最优秀就由谁来担任部门经理。小李、小张同时被列为了候选人，两人平时还是好朋友，所以，这样一场竞争非常有意思，公司各部门员工都对此议论纷纷。有人说小李绝对能胜任，因为他善于笼络人心；有人说小张绝对能任职，因为业绩比较突出。同时，有一个消息在办公室里炸开了锅，原来小李是经理夫人的亲弟弟，这可不得了，那失败者似乎注定是小张了。

小张分析了其中的利害关系，心想：小李有了这一层关系，看来自己终究是失败的，不过，有什么要紧呢？如果自己真的失败了，表现得大度一些，努力配合小李的工作，给人留下好的印象，日后定会有升迁的机会。他一边这样想着，一边准备市场推广方案。很快，一个星期过去了，两个人同时把方案交到了办公室。总经理在大会上宣布了结果，懂得笼络人心的小李胜出了。小张知道自己已经失败了，心里却非常坦然，鼓掌表示庆祝，似乎一点也不在意。

小李上任了，开始了管理工作。小张还是积极地跑市场，协助小王的工作，下班后，他与小李还是好朋友。公司里人的都说：“小张这人真好，升职机会被好朋友抢了也不说什么”“就是啊，而且，工作比以前更积极，这样踏实能干、谦虚的小伙子上哪去找啊”。3个月后，小张在朋友小李的推荐下，因业绩突出被提升为部门助理。

本来，同事小李有好的关系，这对于处于公平竞争上的两个人似乎并不公平，小张大可以因不服气而找上司闹，或者在小李胜出后故意与之作对。但是，聪明的小张却很清楚眼前的人和事，自己要想有所作为，就必须将不服埋在心里，努力配合小李的工作，在公司博得一个好名声。这样，自己能力有了，也没得罪什么人，那高升的机会肯定会有的。在这样斟酌之后，小张才将想法付诸行动，最后，自己的目的也达到了。

当局势发生了变化，自己之前所渴望的机遇也擦肩而过，这时候，我们该怎么办呢？怨天尤人，还是韬光养晦、蓄势待发？俗话说："不飞则已，一飞冲天；不鸣则已，一鸣惊人。"如何面对既成的事实，唯有不断地提高自己的能力，等待机遇的到来，再迅猛出击，奋起拼搏。因此，我们要想获得成功，就要学会顺势，更要学会忍耐，做到蓄势待发，积蓄能量，等待机遇的到来。

学会在忍耐中等待转机

常言道："小不忍则乱大谋。"生活中的每一个人，在人生中都难免会深陷逆境，却一时又无力扭转面临的逆境，那最好的选择就是暂时忍耐。因为事情总是在不断变化中，一旦有利的时机到了，成功就指日可待了。正所谓"忍一时风平浪静，退一步海阔天空"，学会在忍耐中等待命运转折的时机。大凡成大事者，必定能忍得一时之辱，容得一时之痛。忍耐是一种品质，一种精神，更是一种成熟，一种理智。因为忍耐，在磨难挫折面前坦然豁达而不灰心丧气，它能给人生一种奋进的力量，在布满荆棘的道路上，在变化莫测的航行中，忍耐给予的生命光芒在信念中闪光。当然，忍耐并不是坐在那里默默地忍受一切，而是从心里上接纳所面临的现实。当生活中的挫折与困难迎面而来时，暂且不去作出判断，不论遇到多大的事情，最好暂时忍耐一下，也许到了下一刻事情就会有所转机，有了解决问题的办法。

王明是一位留美的计算机博士，毕业之后，他打算在美国找工作。拿着自己的各个证书以及一些在学校所获得的奖章，四处奔波找工作。可是，两三个月过去了，他还是没有找到合适的工作，因为他所选择的公司都没有录用他，而那些愿意录用他的公司他又看不上。他没有想到，自己堂堂一个博士生，居然沦落到高不成低不就的尴尬境地。思前想后，他决定收起自己所有的证书与奖章，以一种最低的身份前去求职。

没过多久，他就被一家公司录用为程序输入员。这份工作相当简单，对于一个博士生来说简直就是大材小用。但王明并没有抱怨什么，即使是最简单的工作，他依然干得一丝不苟。这样干了一个多月，上司发现他能迅速看出程序中的错误，这可是非一般的程序输入员相比的。这时候，王明向上司亮出了学士证，上司知道了他的能力，马上给他换了一个与大学毕业生相对等的工作。又过了一个月，上司发现他经常能够提出一些独到的有价值的见解，远比一般大学生要高明。这个时候，王明又亮出了硕士证，上司又立即提升了他的职位。再过一个月，上司觉得他还是跟别人不一样，就开始有意识地培养他。这时候，王明才拿出了自己的博士证，上司顿时对他的能力有了全面的了解，毫不犹豫地重用了他。

当王明陷入了找工作的困境时，他放弃了自己的所有证书，以一个最普通的人去应聘，并获得了一份工作。我们可以想象，一个有着博士学历的人，委身于一个普通的职员，那该是多么隐忍。但王明忍耐了下来，他在等待机会。终于，老板开始发现他深藏不露的能力，渐渐地重用他，最终他获得了自己应有的位置。

韩信是淮阴人，还未成名时，他只是一个平民百姓，贫穷，没有好品行，经常寄居在别人家里吃闲饭，因此受到人们的嫌弃。他曾多次前往下乡南昌亭亭长处吃闲饭，并在那里连续吃了好几个月，亭长的妻子很嫌弃他，就提前做好了早饭，端到内室的床上去吃。开饭的时候，韩信去了，却不给他

准备饭菜，韩信也明白他们的用意，一气之下，就告辞而去，不再回来。

有一次，韩信在城下钓鱼，有几个老大娘在漂洗涤丝绵，其中一位大娘看见韩信饿了，就拿出饭给韩信吃。几十天都这样，给韩信送来饭菜，直到这位大娘将所有的涤丝绵都漂洗完了。韩信很高兴，对那位大娘说："我日后一定重重地报答您老人家。"大娘生气地说："大丈夫不能养活自己，我是可怜你这位公子才给你饭吃，难道是希望你报答吗？"

还有一次，淮阴屠户中有个年轻人侮辱韩信说："你虽然长得高大，喜欢带刀佩剑，其实是个胆小鬼罢了。"又当众侮辱他说："你要不怕死，就拿剑刺我；如果怕死，就从我胯下爬过去。"于是，韩信仔细地打量了他一番，低下身去，趴在地上，从他的胯下爬了过去。满街的人看见了，都嘲笑韩信，认为他胆小。

后来，韩信先是跟随项羽，后追随刘邦，成为刘邦麾下的杰出大将。其实回忆之前的胯下之辱，那不过是韩信忍辱负重，才有了他后来的功成名就。

或许，别人都耻笑韩信懦弱，但韩信本人却不以为耻。实际上，当时，韩信绝不是不敢刺他，而是因为韩信胸怀大志，不愿与小人多生是非，如果一剑将那个屠夫刺死了，自己也难以逃脱。因此，他甘受胯下之辱，他知道"小不忍则乱大谋"的道理，暂时忍耐，等待一个可以施展自己一身才华的机会。

忍耐是一种崇高的人生境界，古人曾作的"百忍歌"中有这样的句子："忍得淡泊养精神，忍得勤劳可余积，忍得语言免事非，忍得争斗消仇冤。"忍耐不是软弱，反而是一种大度。忍耐也并不是妥协，而是一种胜利。在生活中，学会审视自己，我们根本没有理由对周围的一切都那么苛刻，要学会忍耐，这样会让生活变得更加轻松。

第二章

忍耐是藏锋守拙的智慧——趋利避害，以退为进

○○○ ○○○

忍耐，就是韬光养晦，收敛其锋芒，专心做事，低调潜行，这就是做人最高的处世之道。这样既可以免遭他人嫉妒，避开无谓的纷争和意外的伤害，又可以更好地保全自己，发展自己，可以说是“趋利避害”。因此，我们说，忍耐是一种藏锋守拙的智慧。

收起锋芒才能不被现实刺伤

或曰:"'君子以自强不息'何用晦为?"此言虽佳,然失之于偏。翻译过来,这句话应该是:有人说:"'君子应该奋发图强,永不停息',为什么还要将自己的光华内敛呢?"这句话固然说得对,但是却有失偏颇。在西方流传着这样一句话:"尽管星星都有光明,却不敢比太阳更亮。"在历史长河中,多少有才能的人,不仅没有因为才能而走出人生的广阔天地,反而因为太过暴露自己的才能而陷入了人生的低谷。游走于社会,切忌争强好胜,事事张扬,人们都愿意与一些稳重谨慎、收敛锋芒的人相处。因为锋芒毕露的人,往往给人浮躁、偏激、年轻气盛和缺乏修养的印象。相反,若是收起锋芒,韬光养晦,则给自己留下一份回旋的余地。老子说:"大巧若拙,大辩若讷。"意思就是说那些大智慧的人、真正有本事的人,虽然有丰厚的才华学识,但平时像呆子,从来不自作聪明;有的人虽然能言善辩,但表现得就好像不会说话一样。早在几千年以前,老子就一语道破了智慧人生的玄机,那就是我们无论处于一个什么样的位置,锋芒必不可露,不要随处显示自己的聪明。

王女士在一家德国公司驻上海分公司做公关经理,她在商场上有很高的声誉。有一次,德国总公司的几位最高领导决定在上海举行宴会,除了上海分公司的总经理以及一些要员外,德国总部的要员当然少不了,再加上一向合作无间的大客户,宴会办得隆重、盛大。王女士作为上海分公司的公关经理,她经常以女强人自居,因为在许多方面,她所带领的团队都是干得最出色的。在宴会上,不知是被胜利冲昏了头脑,还是内心的自豪感作祟,她的锋芒竟凌驾于总经理之上。

宴会当晚,王女士周旋于宾客间,确实令现场的气氛甚为愉快。直至分别由总公司的高级主管以及分公司的总经理说话时,她也在旁边介绍他们出场。到了自己的上司，也就是分公司的总经理，她在介绍之前，竟擅自做主地说了一段话，感谢在场客户的支持。虽然是几句话，但已经让总经理皱起了眉头，因为她当时负责的只是介绍上司出场，并没有发言这个环节。

宴会结束后，分公司总经理被上级请去开会，研究他是否能坚守自己的岗位，而不是凡事都由公关经理代为处理。最后，王女士主动辞职，理由是被削权了，但她始终不知道是自己锋芒太露而喧宾夺主。

身处职场，被人比下去是一件令人恼火的事情。因此，如果上司被自己超过，这对我们来说不但很糟糕，还会产生致命的后果。在职场，自以为是的优越感总是令人讨厌的，尤其是很容易招致领导和同事的嫉妒。对于领导者来说，他最讨厌自己被超过了，当领导的总要显示出在一切重大事情上都比其他人高明，他喜欢被人辅佐，但最讨厌被人超越。在这样的情况下，如果你锋芒毕露，逞强显能，那必然会自食其果。

《菜根谭》说："鹰立如睡，虎行似病。"老鹰站在那里就如睡着了一样，老虎走路的时候很像是有病在身，而一个真正有才华的人反倒不显山不露水。收敛锋芒是一种修炼，一种体悟。在平日生活中，待人处世需要多自我克制一些，当自己处于不利地位时，不如先退一步，这样做不仅能避其锋芒，脱离困境，还可以另辟蹊径，重新占据有利的位置。当然，如果形势对自己非常有利，就更需要放低姿态，谨慎处事，收敛锋芒，才能不被现实所伤。所谓"兵强则灭，木强则折""强梁者不得其死"，说的就是这个道理。

麦克大学毕业后被一家公司看中，第一天工作结束后，他回到家里就高兴地告诉父亲："公司总裁表扬我了。"没想到，父亲并没有想象中那样高兴，而是神色紧张地问："总裁是怎么表扬你的？"麦克回答说："总裁说我是公司第一个毕业于名牌大学的毕业生，也是公司花重金请来的专家，希望大家多跟我学习。"父亲听了连连摇头说："不行不行，总裁先生怎么可以这样说呢，你毕竟还是个刚毕业的学生嘛，怎么就成了专家呢？我得去跟你们总裁先生说清楚，否则真的会误事的。"

麦克以为自己听错了，就很不解地问父亲："您是不是老糊涂了，总裁先生表扬我了，您还不高兴，还要去找人家的麻烦，是不是还去求人家骂我，您才高兴啊？"他气冲冲地出了门，可没过几天，他就一脸沮丧地回到家。父亲问："出什么事情了吗？"麦克说："大家怎么都不理我呢？我们都是公司的一员，完全可以团结互助嘛。再说，我又没有得罪他们，他们凭什么孤立我？"这次，父亲只是微笑着说："这就对了，你是一个新人，他们对你不友好是对的，慢慢地，他们就会接受你的。"麦克一副很不理解的表情，父亲却不慌不忙地说："你只要按照我的方法去做，同事们很快就不会再排挤你了，你首先得虚心地向别人学习，并且适当地去表扬别人，就好像总裁先生表扬你一样。"

果然，没过多久，总裁先生再次表扬麦克："不但专业水平高，还会团结同事。"

事实上，那些到处显露聪明的人并没有受到人们的喜欢，他们会处处受到排挤，最后郁郁不得志。我们深究其原因，那就是他们锋芒太露，太过张扬，从来不掩饰自己的聪明，甚至为了表现自己的聪明才智，他们常常口若悬河、直抒胸臆，丝毫不考虑别人的感受；或者毫不留情地当面指出对方的错误，不给对方一个台阶下。

一个人有绝顶的聪明，有满腹才华，那固然是好事，但在合适的时机运用才华而不被或少被人所妒忌，避免功高盖主，这才是最大的才华。一个拥有大智慧的人，他从来不会到处炫耀自己的聪明和才华，因为他懂得更好地保护自己，这样的人才是真正有智慧的人。

树大招风，把优越感留给别人

在生活中，每个人内心都有一种与生俱来的优越感，我们可以说这是自信，也可以说这是一种自以为是的聪明。那些内心有着强烈优越感的人，他们自身往往是颇具才能的人，也正因为如此，他们却有可能犯下“树大招风”的大忌。水之性，柔中有刚，刚中有柔。冰之本，乃为水。这两种形态，一柔一刚，却各有风范和千秋。与人交往，或者是争取事业成功之时，我们就要似水，顺势而为，这样就可以使自己迅速适应环境，从而争取成功的资源，而不被撞得粉身碎骨；也要似冰，坚守本心和原则，这样就可以使自己保持锋锐，从而改变环境，为自己争得生存的权利。在现今为人处世的形态中，我们都应该适时降低自己的姿态，谦虚谨慎，将优越感留给别人，以免树大招风。

大凡有能力的人，总会有小小的虚荣心，他们会到处炫耀自己的聪明和才华，似乎这样才能彰显自己的能力。有人说：“聪明伶俐，人见人爱。”其实并不是这样的道理，处处显露聪明才华的人，就好像一株大树，太惹眼，太招风，就容易成为他人的眼中钉、肉中刺，恨不得将你连根拔起。究其原因，那就是树大招风，锋芒太露的缘故。或许，当他们极力表现自己时是得意的，但随后就因树大招致大风，最终在广阔的土地上香消玉殒。在一片大森林里，我们看到有大树，有小树，还有拥挤在树林中的小草。在微风徐徐的天气里，或许大树看起来更壮丽，看着自己威武雄姿的样子，它们会努力朝着蓝天生长，在偌大的一片森林里，它们看起来最显眼，但与此同时，也是最孤立的。于是，在狂风肆虐的日子里，它们失去了森林的庇护，只能凭着自己的枝干挣扎着，在风雨中无力地抗争着，最后，弄得自己遍体鳞伤。我们再来看看那依偎在大树底下的小树和小草，它们丝毫没受到狂风的袭击，而是安静地待在那里，它们将优越感给了大树，而得以完好地保全了自己。

汉武帝即位之初，下诏征求贤良有识之士，东方朔也赶来凑热闹，他上书说：“臣自幼失去父母，由兄嫂养大，12 岁开始学书法，3 年之后文史知识足资运用；15 岁学击剑；16 岁学诗书，背诵 22 万言；19 岁学习孙武兵法，战阵排列，也背诵了 22 万言，臣身高九尺三寸，眼睛明亮如宝珠，牙齿整洁如有

序的贝壳,像孟贲一样勇敢,像庆忌一样敏捷,像鲍叔一样廉洁,像尾叔一样忠信。像我这样的人,可以做陛下的大臣。”这份奏章自视甚高,油腔滑调,偏偏汉武帝觉得此人比较奇特,下令将东方朔等诏于公车。

有一天,东方朔陪汉武帝游上林苑,汉武帝指着苑中一棵树,问东方朔:“此树叫什么名字?”“叫善哉。”东方朔随口答道。汉武帝暗中叫人将这棵树做了记号,并记下东方朔说的树名。几年后,汉武帝和东方朔又来到那棵树前,汉武帝问东方朔:“此树叫什么名字?”“叫瞿所。”东方朔随口说道。

汉武帝脸色一沉,呵斥道:“你竟敢欺君,同一棵树,为何有两个名字?”东方朔不慌不忙地回答:“陛下,马长大之后,我们才叫它马;在它小时候,我们却称之为驹;鸡也一样,在它小时候,我们叫它雏。这棵树也有一个生长过程,我以前叫它善哉,现在叫它瞿所,有什么好奇怪的?”汉武帝明知东方朔是在诡辩,但对他的足智多谋非常欣赏,就没有追究。

东方朔聪明绝顶,但一直没能得到汉武帝的重用,多数时间只是郎官,仅供汉武帝取乐而已。东方朔也曾满怀壮志,上书陈请农战强国的大计,但是汉武帝始终没有采纳他的意见。究其原因,主要是因为汉武帝认为他小聪明太多。

聪明算得上是一件好事,但是像东方朔这样炫耀卖弄则不可取,免不了惹来“树大招风”的危险。东方朔既有大智慧,也有小聪明,然而他并不懂得大智如愚的道理,对任何事情都喜欢耍小聪明,自以为是,给汉武帝一种总是在表现自己的感觉。因此,虽然东方朔比较聪明,但却没有得到重用。

如果每个人内心深处都有一种优越感,即便自己聪明绝顶,也不妨在人前装得糊涂一点,将优越感让给别人,以自己的谦卑显示出他人的才干,既给足了他人面子,又得以保全了自己。郑板桥说“聪明难,糊涂更难”。其实在这里,糊涂更需要智慧。生活中,我们每个人都想做一个聪明的人,更是处处展现着自己的聪明才智,殊不知,“聪敏外露就是不聪明”。有人说:“聪明人能装得不让人觉得聪明,那才是真聪明。”那些表面上聪明的人,人们是不喜欢的，聪明并不是坏事，但外露了，就是坏事，因为树大招风，自然会招人嫉妒，害人害己。

以退为进，懂得谦卑忍耐才能成功

忍耐是一种以退为进的智慧，更是一种谦卑的姿态。谦卑的忍耐就是放下姿态，不张狂，难得糊涂，有所为有所不为，不急功近利好大喜功。人生在世，更需要懂得以退为进，以谦卑的忍耐换取成功，因为忍耐本身就是一种伟大的力量。忍耐是一种低姿态，我们在忍耐的同时更需要保持谦卑的姿态，因为谦卑会让别人放松对自己的警惕，这样我们就可以更好地休养生息，更好地积蓄力量，等到来日一鸣惊人。这样的处世策略，也就是以退为进的策略，运用这样的智慧，我们往往可以赢得成功。谦卑的忍耐不仅使人焕发出美丽的光彩，还可以使人看起来更亲切、宽厚，甚至超凡脱俗，这就是忍耐的力量。懂得谦卑忍耐的人最有人气，因为人们都愿意与谦卑的人相处。在大自然中，水懂得谦卑忍耐，它总是向下流动，无论是遭遇了陡壁还是悬崖，最后终流成了江河湖海；山懂得谦卑忍耐，它总是沉默寂静，但它却在无言中耸立成了一道风景；春天懂得谦卑忍耐，在经历了凌厉的寒冬之后，它依然悄然而至。保持谦卑忍耐，我们的生命就有了一种无法言传的尊严和价值。

赵先生在一家外资医药企业供职，有着十几年的工作经验，先后做过部门经理和总经理助理。但在外企工作的十几年里，赵先生遭受过不少白眼，但他总是保持谦虚的态度，忍耐，只希望自己终有一天能出头。后来，赵先生跳槽去了一家民营企业做副总裁，他说："自己年近 40 岁了，虽说有一些资历和工作经验，但与外企里 30 岁左右的年轻人相比，不管是知识结构还是工作精力，都远远比不过他们，与其等着自己被年轻人挤走，不如换个更适

合自己的工作环境。”说到这里，赵先生开玩笑说：“我这也是谦卑的智慧，以退为进的策略。”

果不其然，由于民营企业人才比较缺乏，赵先生所掌握的又是外企管理理念，完全可以作为新鲜血液注入企业。而且，民营企业支付给赵先生的薪水是外企的两倍，赋予其更大的权力。现在，赵先生再也不是那个遭人白眼的普通外企员工了，而是率领着近百名员工，做在外企想做却不敢做的事情，自己非常有成就感。

忍耐、退让并不意味着失败，相对于“前进”，“退一步”更是一种生存智慧和处世哲学。我们都知道，在动物世界里，狮虎的藏露进退之功，它们主要是为了猎获对象或者保护自己。同样的道理在生活中也可以运用，许多人只知道乘胜追击，却不知道退一步谦卑地前行。殊不知，勇敢向前冲，不仅会让自己身心疲惫，也难以最后成功。以退为进，看似退让，实际上是一种忍耐，为日后的成功做好准备。无论是生活还是工作，凡事都不要强出头，收敛一点，暗中使劲，保持谦卑的姿态，将来定能出人头地，而且也不会遭人嫉妒和排挤。

当然，以退为进，并不是真的需要退却到很卑微的位置，甚至被无情的尘埃淹没。后退是为了更好地前进，暂时的后退，是为了再次前行积蓄力量，这样的后退是保存实力，是智慧的后退。在退却的过程中，保持谦卑忍耐，以赢得最后的成功。谦卑忍耐绝不是对权势的顺从，对丑恶的姑息，相反，这是一种源于平等意识和博爱精神的谦卑，它以“低”的姿态坚持着自己的高度，以温柔的表情坚持自己的冷静。谦卑之后，则是一种顺手拈来的成功。

避开短处，别做无谓的暴露

生活中，我们应该信奉一条真理：永远都不要把自己的弱点暴露在别人面前。虽然，适时暴露自己也是一种谦卑的忍耐，但就你长期的发展而言，这是很不明智的。在面对他人时，我们需要避开自己的短处，不要做无谓的暴露。做人更需要一种坚强的意志，而不是总将自己的短处暴露在人前，那些经常将自己的短处暴露出来的人实际上就是最愚蠢的人。在自然世界中，强悍的动物往往能在生存的游戏中占据主导地位，就是因为强悍的身体与外表让这些凶悍的动物极具较强的生存能力。这样的道理在人类社会一样适用，那些懂得将自己的短处深深隐藏起来的人，往往就是具备成功条件的人。每个人都有自己的短处和弱点，而那些善于伪装自己弱点的人，总能轻易地得到别人的尊敬与信任。虽然，人们所仰慕的是强者，弱者自然能得到社会的同情，但在更多时候，生存的主动权还是掌握在强者手中。如果我们想成为强者，那就应该想办法掩饰自己的短处和弱点，将自己的优势展示在别人面前。

人性的任何一种弱点就是需要自己尽力来掩盖，成功学大师卡耐基也很坦言地说："我自己就是喜欢掩饰弱点的人。"在他看来，每个人都是有短处和弱点的，需要将自己的短处掩饰起来，才能让别人更尊敬你。避开自己的短处，其实更多的是表现在一个人的意志力上，一个总是暴露自己缺点的人，他对生活充满了抱怨，情绪悲观。更糟糕的是，他不懂得如何掩饰自己的短处，而是处处暴露自己的缺点。这样的人，在别人看来，几乎一眼就可以看出他所具备的能力的强弱程度。比如，一个原本是悲观的人，他若是懂得掩饰，就会表现出乐观的言行。相反，若是不懂得掩饰，他就会呈现出自己悲观的心境，这无疑会让人将你定义为一个悲观的人，一旦这种念头形成，他就会远离你，不愿意与你继续交流下去。所以，我们在人前的时候，需要避开自己的短处和弱点，不要做无谓的暴露，你暴露的缺点越多，对你越不利。

曾经有一个叫奥托·瓦拉赫的人，在他上中学时，父母为其选择了文学之路。但是一个学期下来，老师给他的评语竟然是"瓦拉赫很用功，但过分

拘泥,这样的人即使有着完美的品德,也绝不可能在文学上发挥出来”。无奈之下,他又开始学习画油画,但这次老师的评语更让人难以接受“你是绘画艺术方面的不可造就之才”。面对这样“笨拙”的学生,大部分人都认为他成才毫无希望,只有化学老师觉得小瓦拉赫做事一丝不苟,具有做好化学实验应有的品格,建议其试学化学。没想到,一接触化学,瓦拉赫的智慧火花就被点燃了,并最终成为诺贝尔化学奖的得主。

这个案例所描述的就是人们广为流传的“瓦拉赫效应”,这个效应指的是人的智能发展都是不均衡的,都有智能的强项和弱项,人一旦找到自己的智能最佳点,使智能潜力得到最大限度的发挥,便可以取得惊人的成绩。在生活中也是一样,每个人都有长处和短处,我们一旦找到自己的长处,就可以使这方面的潜力得到充分的发挥。反之,若是暴露短处,那将难以获得成功。

三国时期,杨修虽然颇具才能,但他最大的短处就是表现自己,喜欢在曹操面前邀功,这是其身边的同僚都知道的事情。当时,曹操的儿子曹植,很喜欢杨修的才能,常常邀请他到家里谈论逸闻趣事,整夜都不休息。曹操和众位大臣商议,想立曹植为太子。曹丕听说了,就密请朝歌长吴质到他府中商量对策。又怕被人发觉,就让吴质藏在一个大筐里,上面放些布匹,别人问起,就说是布匹,用马车把吴质拉进了曹丕府中。

正好杨修看见吴质从筐里爬出来。他和曹植是好朋友,当然希望曹植能当太子,于是,就跑去向曹操告密。曹操派人在曹丕府前检查,曹丕慌忙告诉了吴质,吴质当然知道杨修的短处,猜想他会去告密。于是,吴质说:“不用担心,明天用大筐装上布匹拉到府里来,迷惑一下他们。”第二天,曹丕就派人按吴质所说的话去做了。

曹操派人检查了几次,发现全是布匹,就回去把情况报告了曹操。曹操怀疑杨修陷害曹丕,从此对他十分厌恶。

在这个案例中,杨修将自己的短处展露无遗,无疑给别人一个可乘之机，结果聪明反被聪明误。孙子兵法曰：“先不为可胜，以待敌之可胜。”意思是，先要避免自己的弱点，立于不败之地，以寻求消灭敌人的机会。

如果你只有一条腿，就没有必要勉强自己去做一个运动员；如果你的容貌不够美丽，就没有必要去参加选美大赛。因为在这种情况下，如果你真的在某些方面确实存在着自身不可抗拒的缺陷或短处，就完全没有必要去较劲，非要在这方面与别人争个高低，否则你只会自取其辱。对于任何一个人来说，对那些自己明显不能做的事情，就不要浪费精力去做，否则只会吃力不讨好。

成功者信奉的人生格言就是：不要将自己的短处暴露出来。一旦暴露出来，你就失去了很多优势。在自然界中，那些具有极大生存能力的动物，往往就是善于伪装自己短处的凶悍野兽，雄狮可以在非洲大草原上称霸，那是因为其拥有凶悍的外表和强壮的身躯，这些外在的优势可以让其他动物畏惧。因此，一个成功者实际上应该像自然界凶悍的野兽一样，将自己的短处和弱点掩饰起来，显露出自己的强势和优势，这样你才能更多地得到人们的赏识与仰慕。

低调行事才是处世智慧

山峰从来不张扬自己的高度，并不影响它的耸立云端；海从来不夸耀自己的深度，并不影响它容纳百川；大地从来不炫耀自己的厚度，并不影响它承载万物。人生在世，我们并不需要高调地张扬自己，炫耀自己，而更需要低调行事。低调行事是一种品格，一种风度，一种修养，一种胸襟，一种智慧，更是一种处世的最佳姿态。低调处事，可以保护自己不受伤害；低调处事，可以与他人建立融洽的关系；低调处事，可以暗暗蓄积力量，在不显山不露水中成就一番伟大的事业。学会低调行事，就是不喧闹、不造作，不会招

人嫌、招人妒,是一种谦虚的态度。即使你有满腹才华,能力远比别人优秀,也要学会藏拙,这是一种智慧的人生。低调行事,也就是说该说的话,做该做的事。虽然,争强好胜是事业前进的基础,没有上进的心,很难争取到功名,但锋芒毕露不一定能得到好结果。所以,低调行事,保持自己的温文尔雅,在雷厉风行中坚持自己的远见卓识,在退避三舍中卧薪尝胆,是你的不会丢掉,不是你的,你也争取不来。

低调行事可以演绎自己精彩的人生,因为这样不仅可以保护自己、融入环境,与人和谐相处,还可以暗蓄力量、悄然潜行,在不显山不露水中成就辉煌事业。低调行事,并不是凡事都退在人后,当自己的正当利益遭到侵害也不出声,自己被人侮辱也不加反抗,这不是低调,而是懦弱。低调行事,也就是做事不要太招摇、做人不要太张扬,不炫耀成绩、不要小聪明,不沾沾自喜。

人们都说刘备一生有"三低":一低就是桃园三结义。在桃园与他结拜的人,身份都不怎么样:一个是酒贩张飞,一个是在逃的杀人犯关羽。而刘备身为皇亲国戚,是大名鼎鼎的刘皇叔,却肯与他们结拜为兄弟。但正是这两位看起来不怎么样的义兄,却成为刘备的左右手及其事业上最坚实的基础。

二低就是三顾茅庐。当时的孔明不过是未出茅庐的后生小子,刘备却前后3次登门求见。论身份地位,论年龄,刘备都可以称得上是长辈了,却吃了两次闭门羹,连关羽和张飞都在咬牙切齿了,但刘备却毫无怨言,一点都不觉得自己丢了脸面。后来,孔明出山了,为刘备勾勒出宏伟的建国蓝图,他自己也成了千古名相。

三低就是礼遇张松。张松只是一个卖主求荣、把西川献给曹操的人。但曹操因为大破马超之后,骄傲自满,几次避开不见张松,见面了也兴师问罪,想要将其处死。而刘备却不同,他先是派了赵云、关云长在境外迎候张松,自己还在境内亲自迎接,宴饮3日。张松深受感动,终于把本来打算送给曹操的西川地图送给了刘备，这一次，刘备把西川纳入了蜀国之界。

有时候，我们也会为刘备的懦弱而暗暗着急，其实我们都错了，刘备那是表面的懦弱，却为自己赢来了蜀国霸业。世人都说曹操是枭雄，从这里我们不难看出，曹操这个高傲的狂者在他有生之年失去了统一中国的最后良机，而习惯低调行事的刘备却能获得天府之国的川内平原。刘备是真英雄，没有一点气势的架子，而曹操傲气冲天、狂态显露，所以难以成就霸业。

春秋后期，越国的名臣范蠡精通韬略，足智多谋，拜为大夫。勾践三年，吴王夫差大破越军，勾践入吴俯首称臣。作为越国大夫的范蠡在吴国做了两年的人质，3年后回到越国，他与文种拟定兴越灭吴九术，策划和组织了越国"十年生聚，十年教训"的复国大计。为了实施灭吴战略，也是九术之一的"美人计"，范蠡亲自跋山涉水，终于在苎萝山浣纱河访到德、才、貌兼备的巾帼奇女——西施，并帮助谱写了西施深明大义献身吴王、里应外合兴越灭吴的传奇篇章。

范蠡追随越王勾践20多年，苦身戮力于灭吴，成就越王霸业，被尊为上将军。他辅佐勾践卧薪尝胆，图强雪耻。然而范蠡深知勾践为人，只可同患难，不可共安乐，于是在举国欢庆之时，范蠡急流勇退，携妻带子，秘密离开了越国。

后来，他辗转来到齐国，改了姓名，带领儿子和门徒在海边结庐而居。垦荒耕作，兼营副业并经商，没过几年，就积累了数千万家产。他仗义疏财，施善乡梓，范蠡的贤明能干被齐人赏识，齐王把他请进国都临淄，拜为主持政务的相国。他喟然感叹："居官致于卿相，治家能致千金，对于一个白手起家的布衣来讲，已经到了极点。久受尊名，恐怕不是吉祥的征兆。"于是，3年后，他再次急流勇退，向齐王归还了相印，散尽家财给知交和老乡。

就这样，一身布衣的范蠡第3次迁徙到了陶，在这个居于"天下之中"的最佳经商之地，他重新经商，没过几年，成了巨富，于是自称"陶朱公"。

低调行事，并不是人们所说的"夹着尾巴做人"，更不是自命不凡的清

高,而是光明磊落的稳重,胸无城府的坦然,在低调中,在忍耐中,踏踏实实做人。低调行事,不是马马虎虎,胡乱敷衍,而是运用自己的广才博学,默默无闻,辛勤耕耘,认真做好自己分内的事情,用辛勤换来利益,在低调中得到成果。懂得低调行事的人,他们总是坚守自己的原则,以一种平和心态对待人与事,自然就会得到人们的厚爱。他们不张扬,不骄傲,只等朝日,脱颖而出,然后一鸣惊人。

不要在嫉贤妒能的人面前展现才华

在生活中,拥有才华的人要善于收敛自己,尤其是在嫉贤妒能的人面前,更要隐藏自己的真才实学,伪装成一个糊涂的人,这样才可以很好地保全自己。有的人虽然颇具才能,但活得糊涂,在人前甘愿掩饰自己的真实想法,给人毫无威胁之感,而是一种亲和之态。而有的人恃才傲物,处处爱表现自己,唯恐自己的才华被埋没了,最终他们因太爱出风头,就像出头鸟的下场一样,被猎人击中了。人生在世,我们宁愿做什么都不知道的糊涂虫,也不要做处处显风头的出头鸟,因为糊涂虫往往比出头鸟活得更长久。其实,不在人前显山露水,这是一种人生境界,避开锋芒,自显光芒,这才是美丽的人生。虽然,施展自己的才华是一种积极的态度,所谓最终的目的也是能够被伯乐赏识,但如果你太过聪慧,甚至盖过了主人的风头,那你的末日就不远了。因此,我们应该记住这样一条真理:永远不要在嫉贤妒能的人面前展露才华。

其实,这里所说的嫉贤妒能之人,当然是指一些心胸比较狭窄的人,在这样的人面前展露才华,那是极为糟糕的。需要特别指出的是,不仅在嫉贤妒能的人面前,即便在一个普通人面前,太过招摇地展露自己的聪明才智,那都是极为不妥的,难免会遭人嫉妒。特别是在领导者面前,更要谦虚谨慎，虽然并不是每一位领导者都心胸狭窄，但如果你的风头盖过了领导的威严，那即便是心胸比较开阔的人，他也会对你心生厌恶，并伺机报复你。

杨修是个文学家，才思敏捷，灵巧机智，后来成为曹操的谋士，官居主簿，替曹操典领文书，办理事务。有一次，曹操造了一所后花园。落成时，曹操去观看，在园中转了一圈，临走时什么话也没有说，只在园门上写了一个“活”字。工匠们不了解其意，就去请教杨修。杨修对工匠们说，门内添“活”字，乃“阔”字也，丞相嫌你们把园门造得太宽大了。工匠们恍然大悟，于是重新建造园门。完工后再请曹操验收。曹操大喜，问道：“谁领会了我的意思？”左右回答：“多亏杨主簿赐教！”曹操虽表面上称好，而心底却很忌讳。

后来，曹操出兵汉中进攻刘备，被困在了斜谷界口，想要进兵，又被马超拒守，想收兵回朝，又害怕被蜀兵耻笑，心中犹豫不决，正碰上厨师端进鸡汤。曹操见碗中有鸡肋，因而有感于怀。正沉吟间，夏侯惇入帐，禀请夜间口号。曹操随口答道：“鸡肋！鸡肋！”夏侯惇传令众官，都称“鸡肋！”行军主簿杨修见传“鸡肋”二字，便让随行军士收拾行装，准备归程。有人报知夏侯惇。夏侯惇大惊，遂请杨修至帐中问道：“公何收拾行装？”杨修说：“从今夜的号令来看，便可以知道魏王不久便要退兵回国，鸡肋，吃起来没有肉，丢了又可惜。现在，进兵不能胜利，退兵恐人耻笑，在这里没有益处，不如早日回去，明日魏王必然班师还朝。所以先行收拾行装，免得临走时慌乱。”夏侯惇说：“您真是明白魏王的心事啊！”他也开始收拾行装。于是军寨中的诸位将领没有不准备回去的事物的。曹操得知这个情况后，传唤杨修问他，杨修用鸡肋的意义回答。曹操大怒：“你怎么敢造谣生事，动乱军心？”便喝令刀斧手将杨修推出去斩了，将他的头颅挂于辕门之外。

杨修为人恃才放荡，数犯曹操之忌，杨修之死，源于他的聪明。他本是一个绝顶聪明的人，而且才华横溢，但其才盖主，这就犯了曹操的大忌。当曹操无意间说了“鸡肋”，本来曹操就在苦闷，不知道该如何解脱，而杨修却想表现自己，捅破了那层薄纸，这无形之中就羞辱了曹操，这就是杨修致死

的原因之一。人生在世,我们要善于吸取这样的教训,保持谦虚谨慎的态度,不要随意展露自己的才华。

自古以来,许多将帅帝王都不喜欢臣子胜过自己,比如说乾隆皇帝。他喜欢卖弄才情,闲暇之余写点小诗,他上朝时就会经常出一些精辟的考问大臣。这时候,大臣们都装作是糊涂虫,明明知道那是很浅的学问,却不说破,故意冥思苦想,并请求皇帝开恩“再思三日”。这时候,乾隆皇帝自己细细道来,赢得了大臣的一片礼赞之声,乾隆帝自然喜不自禁。但是,如果这时候哪个大臣出现肆意表现自己,在皇帝面前出尽风头,那自然得不到皇帝的宠爱,反而心生忌讳。所以,有许多喜欢展现自己才华的人,最终结果是丢了性命,而那些假装糊涂的人却可以活得更长久。

在生活中,有的人自以为才华横溢,因而强出头,殊不知却犯了大忌。有时候,我们会遇到这样的事情,可能对于领导所提出的问题,几乎每个人都想到了,也都认识到了,却没有一个敢当面说出来,因为领导尚未表态,这就意味着自己的嘴巴需要紧闭。“人所共欲不言,言者乃大愚也。”如果你争着表现自己,你以为这是施展自己才华的好机会,却不料也是你事业生涯终止的时刻。所谓“人怕出名猪怕壮”,人出名了,必会招来侧目而视,这就是惹祸的根由。

第三章

忍耐是厚积薄发的耐力——执着坚忍，超越平凡

忍耐，并不是甘于现状，或者说做事只有三分钟的热情，它更是一种厚积薄发的耐力。水滴石穿，坚守时间的打磨；以强劲的耐力，蓄积力量；抵御诱惑，以顽强的耐心成事；处心积虑之后，蓄势待发。

忍耐不是因为甘于现状

在这个世界上,有多少人在忍耐,有的人是为了明日的成功而忍耐,有的人却是因为甘于现状而忍耐。在这里,我们所说的忍耐并不是因为甘于现状,而是为了有朝一日能蓄势待发,一鸣惊人。阿拉伯有一句谚语:“为了玫瑰,也要给刺浇水。”意思是,如果你不能忍受那些扎在心头的芒刺,不能将那些芒刺化成自己前进的动力,那又如何为自己博得一座可以优游一辈子的心灵花园呢?所有的忍耐都有一个既定目标,而并非甘于现状,如果你只是甘于平庸而选择忍耐,那这样的忍耐是没有任何意义的,这样的忍耐就是一种愚蠢,一种懦弱。生活中,做任何事情都需要忍耐,因为忍耐,不仅是一种智慧,一种能力,一门学问,更是一种难得的境界。人生是漫长的、复杂的、曲折的,所以忍耐是一种生命的常态。但忍耐只是暂时的,而非一辈子的忍耐,一辈子的忍耐只能安于现状。

忍耐不是甘于平庸,而是审时度势,能屈能伸地宽容坚韧,更是不鸣则已一鸣惊人的蓄势待发。越王勾践若是没有20年的“卧薪尝胆”,又怎么会有20年后打败吴王?韩信若没有“胯下之辱”,又怎么会有后来的一代军师?懂得忍耐的人更能获得幸福感。人生在世,需要忍耐的事情可以说是无处不在。在几十年的知识学习中,如果没有忍耐,又怎么会在苦雨中找到甘霖呢?在研究中,如果没有忍耐,又怎么会在一次次失败中寻找到一缕缕希望呢?

小王大学毕业后,四处托关系进了国企,他是一个胸无大志的人,只想抱着“铁饭碗”混到退休,日子安逸,那也算是人生的一大幸事了。但刚进入公司没多久,他还是被许多事情所刺激,跟自己同进公司的同事,不到两个月就升职加薪了,可自己还在原地踏步,虽然小王感到自己有点窝囊,但他总是安慰自己："我已经做得够好了，即便我付出百分之两百的努力，也不可能再上一个新台阶的。"就这样，每每遇到这样的事情，小王总是"忍耐"着，不断地为自己寻找理由。他心想：国有企业不可能缩减人员，于是就安于现状。

窝囊地活了大半辈子，小王都变成了老王，他还只是一名普通的职工。没想到过了这么多年，国家政策也有变化的时候，老王所谓的"铁饭碗"被打破了。因为甘于现状，他成了第一批下岗者，国家没有必要拿钱养一个不思进取的闲人。

成功的基本规则就是决不甘于现状，不管性格、习惯、细节、目标、毅力以及其他因素多么适宜，只要你内心决定甘于现状，那些原本很好的因素都无法起到积极的作用。反之，即便这些因素不是很适宜，但如果你的忍耐不是为了甘于现状，而是勇于创新，那你依旧可以赢得成功。所有的忍耐都是为了成功，如果不是出于这个目的，那自己的忍耐还有什么意义呢？那不过是愚蠢的行为，甚至是一种懦弱的人生姿态。

有个年轻人刚从学校毕业，来到一家杂志社应聘，等他赶到杂志社时，那里已经挤满了前来找工作的人。过了一会儿，走过来一个人，他自称是杂志社人事处的工作人员，给每个应聘者发了一份简历表，大家纷纷掏出笔，趴在走廊的椅子上填表。接着，那个人事处的工作人员领着大家走进了一间办公室，说道："主任现在正在开会，请大家在这里等待他来面试。"大家等待着，一个小时过去了，那个主任还是没有出现，又一个小时过去了，有的人已经开始烦躁不安，几个人在屋子里走来走去，嘴里小声嘟囔着什么，年轻人的心情也开始变得烦躁起来。

眼看快到中午了，有人开始忍不住了，他们收拾东西出门了，而且将门摔得特别响。年轻人也已经不耐烦了，也想跟其他人一样走掉，但他转念一想，自己等了那么久，什么也没等到，那就再等等吧。到了 12 点，应聘者几乎都走光了，只剩下这个年轻人和一个坐在他对面的人，那个人看上去很精

干，但与年轻人不同的是，他坐得很舒适。

年轻人忍不住问："你是来应聘什么职位的？"那个人扭过头看了一眼年轻人，漫不经心地回答说："我不是来应聘的。"年轻人惊讶极了："那你在这里等了一上午做什么呢？"那个人没有回答年轻人的问题，而是提出了一个问题："你觉得在报社工作需要具备什么样的条件呢？"年轻人想了想，回答说："细心，当然，还有一点也很重要，就是耐心。"听了年轻人的话，那个人脸上露出了笑容，并说道："恭喜你，你被录取了。"年轻人这才明白，原来这个精干的人就是主任，也就是这次面试的主考官。

从这个故事可以看出，那位年轻人并非是甘于现状的人，他忍受着等待的枯燥和痛苦。但他更明白，自己这样的等待不能一无所获，而是需要有所收获，哪怕是见上面试官一面也好。正是这种良好的心理素质让他最后赢得了那份工作。

忍耐是一种智慧，也是一种人生艺术和取胜之道，没有小忍，难成大谋，这就是忍耐所需要达到的目标。而忍耐背后的安于现状，则是不思进取，养尊处优，这样的心态阻碍了人们前进的脚步，是人们走向成功的绊脚石，更是人们乐不思蜀、饱暖思淫欲的完美借口。在忍耐中安于现状的人，无异于"当一天和尚撞一天钟"，得过且过，最后他们会在平庸中郁郁而终。

一事无成的"三分钟热度"

有人问著名的生物学家聂弗梅瓦基为什么一生都花在研究蠕虫的构造上，聂弗梅瓦基回答说："你可知道，蠕虫这么长，而人生却这么短。"的确，一个人的生命是有限的，而科学研究是无止境的。简言之，如果你想获得任何一项事业的成功，就必须持之以恒，甚至付出毕生心血，对于成功而言，恒心就是力量。在人类历史的长河中，多少卓有成就的人都是这样成功的。宋代司马光编写的《资治通鉴》，历时19年才截稿，但那时他已经是老眼昏花，不久就去世了；明代李时珍撰写《本草纲目》，几乎跑遍了名川大山，收集了多少资料，耗费了整整27年的时间，才铸就了这部名著；谈迁花了20多年时间才完成了《国榷》，不料完成之后书稿被小偷盗走了，无奈之下，他又开始重新撰写，用了8年时间才完成。这样的例子都足以说明，无论做什么事情，只有持之以恒、呕心沥血，竭尽毕生，才能达到成功的巅峰，若只有三分钟热情，最终只能一事无成。

在生活中，做事不能只有“三分钟热情”，而是需要在保温中加温，需要持之以恒，这样才能有所为有所不为。现代社会，不少年轻人在刚开始工作时满腔热血，但时间久了就懈怠了，最终一事无成。其实，工作不是仅仅依靠热情就能做好的，它更需要在保温中加温，坚持，坚持，再坚持，而不是三分钟热度。只有做到这些，你才是真正的职业人。或许，我们都听过龟兔赛跑的故事，在生活中，“龟兔赛跑”的例子比比皆是，有的人成了爱睡觉、对事情三分钟热情的兔子，他们总是情绪不稳，一会儿想要夺冠，一会儿想要偷懒，结果造成了三分钟热情的现象。而有的人则成了慢腾腾的“乌龟”，虽然跑得比较慢，但他们情绪和心态都比较稳定，瞄准了一个目标就锲而不舍地朝这个目标努力，这样反而适应了社会规律，最终夺冠。那些做事只有三分钟热情的人，他们似乎还没有进入真正的角色，有些人甚至对做事很不耐烦，他们三分钟热度就好像是一种预警，预示着他们会放弃，或者被社会淘汰。在更多的情况下，他们往往会在东奔西跑中一事无成。

从前，有一名和尚叫一了，他的耐性不够，做一件事情只要稍稍有点困难，就很容易气馁，不肯锲而不舍地做下去。

有一天晚上，师父给他一块木板和一把小刀，需要他在木板上切一条刀痕，当一了切好了一刀以后，师父就把木板和小刀锁进他的抽屉里。以后，每天晚上，师父都要小和尚在切过的痕迹上再切一次，这样连续了好几天。

终于有一天晚上，一了和尚一刀下去，就把木板切成了两大块。师父

说:“你大概想不到那么一点点力气就能把一块木板切成两大块吧?一个人的一生的成败,并不在于他一下子用多大的力气,而在于他是否能持之以恒。”

古人云:“事当难处之时,只让退一步,便容易处;功到将成之候,若放松一着,便不能成。”在生活中,有很多事情,并不是仅仅依靠三分钟热情就可以做好的,也不是一朝一夕就能做到的,而是需要持之以恒的精神,我们必须付出时间和代价,甚至一生的努力。当然,在这个过程中,我们需要忍耐,坚持,再坚持,等待机会和成功的来临。

著名数学家高斯从小就勤奋好学,很早就显示出超人的数学才能。有一次,父亲正在计算账目,小高斯安静地站在旁边看,当他父亲自以为算得很对的时候,小高斯却认真地说:“爸爸,您算错了,应该是……”父亲检验了一遍,发现高斯的答案是正确的。

高斯 7 岁那年,父亲送他到附近的学校读书。在学校里,高斯是班里最小的学生,但因其数学成绩最好,因而经常受到老师的表扬。高斯十分刻苦,他明白,要想更好地学习数学,自己必须付出更多的努力和汗水。白天在学校里,除了上课时专心听讲外,他还尽可能地利用课余时间钻研数学,阅读了许多数学方面的书籍。晚上,他将一个大萝卜挖去了芯,塞进一块油脂,插上一根灯芯,就做了一盏小油灯。他一个人躲在顶楼上,在微弱的灯光下,专心致志地看书学习,直到深夜才睡。在上学期间,高斯还写了许多“数学日记”,记录了他在解题时的新发现和巧妙的解法。高斯 18 岁那年,他成功地解决了当时自希腊数学家欧几里德以来 2000 多年一直悬而未决的数学难题,轰动了整个数学界。

有人曾问高斯:“你为什么在科学上能有那么多的发现?”高斯回答说:“假如别人和我一样专心和持久地思考数学真理,他也会作出同样的发现。”

高斯成功的秘诀就是“专心致志,持之以恒”,他研究数学,总是坚持到底,他最反对的就是做事半途而废。当他在对一些重要的定理进行证明时,

总是经过多种解决、证明的方法，并从中发现最简单和最有力的证明。当然，正是因为高斯如此持之以恒地钻研数学，从而为科学事业的发展作出了卓越的贡献。

生活中，那些“三分钟热情”的人士，尽管他们接触了不同的工作，涉及了不同的行业，但最终他们一事无成，他们只是在寻求猎奇的过程中获得了满足。相反，那些只做了一件事情，并坚持到底的人，他们在某个行业或某个领域达到了一定的高度，他们才是真正的成功者。

水滴石穿，坚守时间的打磨

古人云：“锲而舍之，朽木不折；锲而不舍，金石可镂。”一个人只要有恒心，迈着坚定的步伐，义无反顾地向前走，最终会沐浴到胜利的光辉。如果你去过乡下，有幸可以看到有屋檐的老房子，那你就明白其中的很多道理。在乡下，屋檐之下是石头砌成的平台，而屋檐上是瓦片铺盖而成的屋顶。每当下雨时，天上的雨水降落下来，滴在屋檐上，那水珠就顺着瓦檐流下来，好像珠子串成的帘子一样，而顺着水珠滴落的地方，经过长年累月的打磨，那坚硬的石头竟然出现一些小坑洼。那是多么神奇的力量，柔弱得水珠，竟然可以将石头滴穿？其实，不要为此感到惊讶，因为这就是“滴水穿石”的真实现象。大自然的这些神奇力量一样可以引申到我们生活中。在生活中，那些可以忽略不计的力量，如果将这一点点凝聚起来，该是多么大的力量。不论是做人还是做事，我们都需要坚信水滴石穿的真理，坚守时间的打磨，终有一天，我们能够顺利地采摘成功的果实。

唐代诗人李白，幼年时喜欢读那些经书、史书，但那些书都十分深奥，他一时读不懂，便觉得枯燥无味，于是，他索性丢下书，逃学出去玩。

有一次，他一边闲游闲逛，一边东瞧西看。这时他看见一位老奶奶坐在

磨刀石上的矮凳上,手里拿着一根粗大的铁棒子,在磨刀石上一下一下地磨着,满脸是专注的神情,以至于李白在她旁边蹲下她都没有察觉。李白不知道老奶奶在干什么,便好奇地问:“老奶奶,您这是做什么呢?”老奶奶头也没抬,简单地回答说:“磨针。”然后依然认真地磨着手里的铁棒,李白不明白,惊讶地问:“磨针?”老奶奶手里磨的明明是一根粗铁棒,怎么会是针呢?

看了一会儿,李白忍不住问:“老奶奶,针是非常非常细小的,而您磨得是一根粗大的铁棒呀!”老奶奶一边磨一边说:“我正是要把这根铁棒磨成细小的针。”“什么?”李白有些意想不到,他脱口就问:“这么粗大的铁棒能磨成针吗?”这时候,老奶奶才抬起头来,慈祥地望着李白,说:“是的,铁棒自然又粗又大,要把它磨成针是很困难的,可是我每天不停地磨呀磨,总有一天,我会把它磨成针的,孩子,只要功夫下得深,铁棒也能磨成针呀!”

当时的小李白悟性很高,听了老奶奶的话,一下子明白了很多。他心想:对啊,做事情只需要有恒心,天天坚持去做,什么难事都是容易做成的。读书也是这样,虽然有不懂的地方,但只要坚持多读,天天读,总会读懂的。想到了这里,李白感到很惭愧,于是,他拔腿就往家里跑,重新回到书房,翻开原来读不懂的书,认真地读起来。

“铁棒磨成针”和“滴水穿石”的道理是一样的,李白正是靠着这样的耐力,攻读百书,才铸就了后来的诗仙。在生活中,不管我们遇到多大的难事,都不要畏惧,不要退缩,而是勇敢地向前,每天努力一点点,长年累月,累积起来的力量足以干成任何大事。哪怕是一点点的力量,经过时间的打磨,也会蜕变成一股强大的力量,而这正是推动我们走向成功的力量。

小时候的童第周有着较强的好奇心,他看到不懂的问题往往要拉住父亲问个明白,父亲每次都不厌其烦地给他讲解。

有一天,童第周看到屋檐下的石阶上整整齐齐地排列着一行小坑坑,他觉得非常奇怪,琢磨半天也弄不明白这是怎么回事,便去问父亲:“父亲,那屋檐下石板上的小坑是谁敲出来的?是做什么用的呀?”父亲看到儿子这样好奇，高兴地说：“这不是人凿的，这是檐头水滴下来敲的。”小童第周感到更奇怪了，水还能把坚硬的石头敲出坑吗？父亲耐心地解释说：“一滴水当然敲不出坑，但是天长日久，点点滴滴不断地敲，不但能敲出坑，还能敲出一个洞呢，古人不是常说‘滴水穿石’嘛，就是这个道理。”

父亲的一席话，在小童第周的心里激起了一阵阵涟漪，他坐在屋檐下的石阶上，望着父亲，似懂非懂地点点头。在家里，由于农活比较多，童第周对学习失去了兴趣，不想读书了。这时父亲耐心地开导童第周说：“你还记得‘滴水穿石’的故事吗？小小的檐水只要常年坚持不懈，能把坚硬的石头敲穿，难道一个人的恒心不如檐水吗？学知识也是靠一点点积累，坚持不懈才能获得成功。”同时，为了更好地鼓励童第周继续上学，父亲书写了“滴水穿石”四个大字赠给他，并充满期望地说：“你要把它作为座右铭，永志不忘。”

生活中，做任何事情都需要一个过程，一点点累积，就足以凝聚成一股巨大的力量。如果你放松了平日的努力，只靠临时抱佛脚，那将注定失败。有时候，在平日中不断努力却没有得到回报的人们，心里总是抱怨：为什么上天不公平呢？其实，上帝给予我们的都是公平的，如果你还没有得到回报，那只能说明还没到时机，因为时间就是最好的见证者，它见证了你一点点的努力，它也将见证你最终的成功。

罗马城不是一天建成的

在这个世界上，没有任何一个人能随随便便成功，因为罗马城也不是一天就建成的。一步登天的奇迹以及一蹴而就的成功，那也是经历了上百次的尝试，才铸就了这样短暂的辉煌。俗话说：“台上一分钟，台下十年功。”有可能在台上表演的时间只有短短的一分钟，但为了台上这一分钟的表演时间，许多人却要为此付出十年的艰辛努力，甚至需要付出更长时间的努力。

罗马城不是一天建成的，是靠每一天的艰苦付出所建成的，做每一件事就好像建城一样，你要想把它建成、建好，你就必须付出超人的代价和心血。我们应该记住，通往成功的道路从来都不是一条风和日丽的坦途，人生必须渡过逆流才能走向更高的层次，最重要的是在这个过程中要学会忍耐、坚持，蓄积待发，最终一举成功。

哲人说："成功者大都起始于不好的环境并经历许多令人心碎的挣扎和奋斗。他们生命的转折点通常都是在危急时刻才降临。经历了这些沧桑后，他们才具有了更健全的人格和更强大的力量。"一个人若是不付出，不努力，就梦想着成功，那根本就是做白日梦，时间不会给予你任何东西，只会给你的人生留下一段空白。生活就是这样，你需要付出，才能有所收获，而这样的付出是不间断的，一旦你放弃了，你即将获得的成功也会成为泡影。在更多的时候，你的付出与收获是成正比的，你付出的汗水和艰辛越多，你收获的东西也就越多。相反，如果你一点都不想付出，只想坐等成功，那是根本不可能的，你终究等来的只是一场空。

1895 年，康纳利被哈佛大学录取，学习古典文学。在学校时，他已经是当时全美三级跳远冠军了，听说这次奥运会即将在雅典举行，他便向学校请了 8 周假去参赛，但学校拒绝了他的要求。内心坚定的康纳利执意要去奥运会上试一试自己的身手，于是，他毅然离开了哈佛，自己争取到了参加奥运会的资格，成为美国代表团 11 个成员之一。

他这次参赛是在一家很小的体育协会的赞助下进行的，由于资金紧张，他花掉了自己仅有的 700 美元积蓄，才登上了德国"德福达号"货船。

然而，就在启程的前两天，他的后背受伤了，这几乎毁了他的全部计划。幸运的是，从纽约到那不勒斯的航行中，他的伤竟然痊愈了。但刚刚下船，康纳利的钱包又被偷走了。这还不算最糟糕的，由于时差关系，在他们到达的第二天就需要进行比赛，本来他们以为比赛会在 12 天之后举行。更糟糕的是，康纳利从小练习的是单足跳、跨步、起跳，而奥运会三级跳远项目的起跳要求是单足跳、单足跳、起跳。

1895年4月6日下午，三级跳远比赛开始了。在别的运动员跳完之后，康纳利最后一个出场了。他走到沙坑前面，把自己的帽子扔到了一个别的运动员跳不到的位置上，大声叫喊着："我要跳到帽子那里去。"他在跑道上加速，按照新的规则，先两个单足跳，然后起跳，最后落在了比他的帽子更远的地方，跳出了13.71米的好成绩，成为现代奥运会上的第一个冠军。后来，康纳利与哈佛大学达成和解，并获得了博士学位。

或许，大多数人所知道的信息是"1896年4月6日，来自美国哈佛大学的大学生詹姆斯·康纳利成为奥运史上的第一个世界冠军"。这只是我们所知道的表面成功的信息，却不知其背后的艰辛。且不说康纳利在去参加比赛之前所遇到的糟糕情况，我们只是说康纳利从小就开始练习跳远，但直到上了大学之后，才有幸参加奥运会，因此才展露了自己的才华，这其中的时间有多长呢？但康纳利都忍耐下来，并且一直没有放弃，最终修建了属于自己的罗马城。

很久以前，有一个养蚌人，他很想培育出一颗世界上最大的最美的珍珠。于是，他去大海的沙滩上挑选沙粒，而且一颗颗地询问它们："愿不愿意变成珍珠？"那些被问到的沙粒都摇头说："不愿意。"就这样，养蚌人从早上问到晚上，得到的都是同样一句话："不愿意。"听到这样的答案，他快要绝望了。

就在这时，有一颗沙粒答应了，因为它的梦想就是成为一颗珍珠。旁边的沙粒都嘲笑它："你真傻，去蚌壳里住，远离亲人和朋友，见不到阳光雨露、明月清风，甚至还缺少空气，只能与黑暗、潮湿、寒冷、孤寂为伍，多少不值得！"但是，那颗沙粒还是无怨无悔地跟着养蚌人走了。

斗转星移，多年过去了，那颗沙粒已经成为一颗晶莹剔透、价值连城的珍珠，而那些曾经嘲笑它的伙伴，有的依然是沙滩上平凡的沙粒，有的已经化为了尘埃。

一个人成功的过程好似一颗沙粒变成珍珠的过程，在这个过程中，你需要经历痛苦与枯燥，而且你必须坚持着，忍耐着，当你走完黑暗与苦难的隧道之后，你才会发现，原来平凡如同沙粒的你，在不知不觉间已经成为价值连城的珍珠。

成事之人要能抵御诱惑

在2000多年前，老子说："五色令人目盲；五音使人耳聋；五味令人口爽；驰骋田猎，令人心发狂；难得之货，令人行妨。"这是老子所列举出的来自生活中的各种诱惑，而他是这样对付诱惑的，"是以圣人为腹不为目，故去彼取此"。意思是，圣人但求安饱，不逐声色，这是古人传下来的智慧。但从今天来说，温饱是很容易解决的，但身边的诱惑总是太多，而心中的欲望已经张开了大嘴，就这样，多少人在尚未成功之时就已经深陷在金钱名利、声色犬马之中。在过去，所谓的诱惑就是"酒色财气"，孟子曰："富贵不能淫，贫贱不能移，威武不能屈。"其实，这都是抵御诱惑的例子。成大事者，首要就是忍耐来自社会的各种诱惑，因为这些诱惑的背后定然是陷阱，如果忍耐不住心中的欲望，一不小心深陷此地，那你定会后悔终生，不仅成不了大事，只怕是性命也难保。在诱惑层出不穷的今天，我们更需要抵御诱惑，学会忍耐内心欲望的痛苦，从而铸成大事。

在村子里住着一个六十岁的老绅士，他十分富有，但性格古怪，可他的慷慨和仁爱是无人能及的。绅士的年纪越来越大了，他希望能找一个男孩服侍自己的起居，帮他做一些事情。尽管，他对孩子们的世界很感兴趣，但他非常讨厌孩子们的好奇心，他常常说："向抽屉里偷看的孩子会试图从里面取点儿东西，而小时候偷窃过一分钱的人，长大后总有一天会偷窃一元钱。"

村里的孩子们得知老绅士找男孩的消息，都想得到这个职位。很快，老绅士收到了20多封求职信，他决定找一位没有好奇心、能抵御诱惑的孩子。一天早上，3位打扮光亮的少年出现在老绅士的客厅。

查尔斯首先来到老绅士准备好的房间，老绅士请他在这里等一等。于是，查尔斯就在门旁的一把椅子上坐下。刚开始时，他非常安静，只是向四周看看，他发现房间里有许多非常稀罕的东西，他终于站了起来，东瞧瞧，西看看。桌子上放着一个罩子，查尔斯很想知道下面是什么，他掀起了罩子，结果是令人意外的，下面是一堆非常轻的羽毛。有些羽毛飞了起来，查尔斯十分害怕，匆匆将罩子放下，但更多的羽毛飞了起来，查尔斯试图抓住那些羽毛，但都没成功。最后，查尔斯被老绅士打发走了。

接下来是亨利，他看到一盘诱人的、熟透了的樱桃，他很喜欢吃樱桃，心想：这里有这么多樱桃，就是吃掉一个，也不会被人发觉。于是，他鼓起了勇气，小心翼翼地站了起来，拿起一个看起来特别好的樱桃，放进嘴里，太好吃了。或许，再吃一个也没关系，他真的又拿起了一个。其实，老绅士在盘子里放了几个貌似樱桃的辣椒。不幸的是，亨利拿到了一个辣椒，放进嘴巴以后，他的喉咙像着了火一样。结果，他也被老绅士打发走了。

最后出来的是哈利，他独自在房间里待着，周围的任何东西都没能引诱他离开座位。半小时后，他被许可为老绅士服务。就这样，哈利一直服侍老绅士，直到他离开人世。老绅士临死之前，将所有的财产都送给了哈利。

生活中的我们就像是故事中查尔斯和亨利一样，总是忍不住内心欲望的声音，伸手想拿不属于自己的东西，结果，不是慌乱得不知道如何处理情况，就是被诱惑刺痛了自己。诱惑，之所以那样吸引人，就在于它本身就是带刺的玫瑰，表面上看着美丽，实际上却是不折不扣的陷阱。在通往成功的路上，我们会遭遇不同的诱惑陷阱，只要我们能够忍耐欲望的吞噬，按捺住内心的悸动，那最后的胜利就是属于我们的。

东汉的杨震做过荆州刺史，后调任为东莱太守。在他去东莱上任时，路

过冒邑,冒邑县令王密是杨震在荆州刺史任内荐举的官员,听到杨震到来,晚上悄悄去拜访杨震,并带了十斤金子作为礼物。

王密送这样的重礼,一是对杨震过去的举荐表示感激;二是想通过贿赂请这位老上司以后多加关照。可是,杨震当场拒绝了这份礼物,说:“故人知君,君不知故人,何也?”王密以为杨震假装客气,便说:“幕夜无知者。”意思是说晚上又有谁知道呢?杨震听了立即生气地说道:“天知、地知、你知、我知,怎说无知?”王密非常羞愧,只得带着礼物狼狈而回。

在东汉历史上,杨震是一个颇得称赞的清官。正是他抵御了诱惑,才得以在史册上保留清名。试想,如果杨震抵御不了诱惑,拿了王密所赠送的十斤金子,那估计他在史册上将是声名狼藉,哪里还有清廉的名声。

陷入诱惑的泥潭,源于内心的欲望。欲望就像毒品,是会上瘾的,当你一次被满足之后,就会有更多的欲望滋生,那根本就是一个无法填满的无底洞。于是,你越来越难以抵御外面世界的诱惑。最后,人被欲望所控制,甚至,成了欲望的奴隶,并最终被那些诱惑所吞噬。所以,我们应该记住:想成大事,必先克制内心的欲望,学会抵御外面世界的种种诱惑。

懂得“处心积虑”,才能蓄势待发

孙子兵法云:“谋定而后动,知止而有得。”意思就是说谋划准确周到之后再行动,处心积虑制订计划,然后蓄势待发,知道在合适的时机收手,就会有所收获。在我们现实生活中,无论是说话还是做事,就如同作战用兵,必须做到三思而后行。几乎每一个人都渴望成功的降临,但事实上,很少有人能预期获得成功。有的人盲目行事,心中有了什么好的想法就马上开始实施,不忍耐,不等待,也不经过仔细思考,最终面临惨烈的失败。其实,要想获得成功就必须有周详的谋划,处心积虑,经过一番斟酌、经过一段时间的准备之后再行动。一旦决定了就雷厉风行，这样就很容易获得成功。因为还没有正式开始时，你那周密而又认真的谋划已经胜出了，所以，付诸于实际行动就很容易获得成功。成功需要来自多方面的因素，除了自身的条件之外，最重要的就是处心积虑，进行周密的策划，这样的“谋定”促成了人生这个大棋盘，只要摆好了棋子，步步为营，就会“运筹于帷幄之中，决胜于千里之外”。

世事如棋，谋定而后动。当我们决定要开始一件事情时，谁也猜想不到最后的结果。但是，如果你能针对事情的各个环节作出分析，进行处心积虑的谋划，就一定能预测最后的结果。凡事都应该“三思而后行，谋定而后动”，方能成就大事。如果你仅仅看见了一片叶子，就想获得整个森林，在没有任何计划之下就开始盲目前行，那只会让自己面临失败的下场。所以，当我们在做一件事情之前，就需要先考虑清楚这件事的后果和过程，把一切都算尽，懂得在恰当时机收手，我们就会有不错的收获。这是一种人生的大智慧，舍弃盲目的行为，选择处心积虑、蓄势待发而后动，你会发现成功有不一样的风采。

楚庄王当政 3 年以来，没有发布一项政令，在处理朝政方面更没有任何作为。

有一天，一个担任右司马官职的人，他给楚庄王出了个谜语，说：“臣见到过一种鸟，它落在南方的土山上，3 年不展翅，不飞翔，也不鸣叫，沉默无声，这只鸟叫什么名呢?”楚庄王知道右司马是在暗示自己，就说：“3 年不展翅，是在生长羽翼；不飞翔、不鸣叫，是在观察民众的态度。这只鸟虽然不飞，一飞必然冲天；虽然不鸣，一鸣必然惊人。你放心吧，你不一定了解我啊!”

半年以后，楚庄亲自处理政务，废除 10 项不利于楚国发展的刑法，兴办了 9 件有利于楚国发展的事物，诛杀了 5 个贪赃枉法的大臣，起用了 6 位有才干的读书人当官参政，把楚国治理得很好。不久，楚国称霸天下。

楚庄王当政 3 年虽然没有发布一项政令，表面上看似乎毫无政绩，其实

这都是他在暗暗为日后的崛起作准备，鸟儿不展翅，那是因为羽翼未丰，不飞翔、不鸣叫，那只是在观察民众的态度。楚庄王平时没什么表现，实际上都是不显山不露水，不鸣则已，一鸣必然惊人。果然，有了3年的准备时间，楚庄王出台了各项管理政策，将国家治理得很好，不久之后，楚国称霸天下。

有一只学识渊博的大鹦鹉带着一只正在茁壮成长但尚未成年的小鹦鹉一起去给鸟类上课，大鹦鹉在讲台上讲课，小鹦鹉跟着其他鸟儿在下面听。听的次数多了，小鹦鹉心想：讲课原来是这样简单的一件事情啊，我也完全可以给大家去讲课。于是，第二天上课的时候，小鹦鹉说服大鹦鹉，让自己去给大家讲课。

谁知道小鹦鹉在讲台上一站，还没有开口，下面的鸟儿就开始议论纷纷了，不要听小鹦鹉讲课，有的鸟儿甚至展开了翅膀，打算离开。在大鹦鹉的制止下，大家才安静下来。小鹦鹉继续讲课，在讲到飞行的时候，因为自己尚未飞过，总是讲不清楚，卡在那里，尴尬无比。

课后，大鹦鹉教导说："你追求上进，想做一个讲师，这样的理想很好。但是在你达到这个目标之前，你必须不断学习，不断进步，累积知识和经验，处心积虑，只有这样，你才能蓄势待发，实现自己的理想。如果你只是了解了一些皮毛知识就觉得自己了不起了，就想一举成功了，那是不可能的，你应该为成功多作准备，比如，在羽翼未丰之前，多作飞翔的准备，这样才会蓄积力量，等到羽翼丰满，你就可以展开翅膀，朝着蓝天飞去了。"小鹦鹉听了，羞愧地低下了头。

生活中的我们跟小鹦鹉一样，在羽翼丰满之前，就想着展翅飞翔，其实，这是不符合规律的。在我们羽翼未丰之际，对我们而言最重要的就是为自己的以后作好打算，制订周详而细致的计划，谋定而后动。

在正式飞翔之前，我们还需要熟悉飞翔的一切信息，处心积虑，周密地布置好一切，在别人尚未察觉的情况下做好一切准备工作。待到他日，蓄积了足够多的力量，就能达到一鸣惊人的效果，在不显山不露水中获得成功。

第四章

忍耐是百炼成钢的勇气——卧薪尝胆，自成大器

一个人若不通过磨砺来提升自己、完善自己，其心中的私欲、情欲便会变得膨胀，同时，让自己意志变得薄弱，浪费时间与精力，从而阻碍自己走向成功。唯有坚强不催，学会忍耐，不畏危难方能砥砺成器，因为忍耐是百炼成钢的勇气。

苦尽甘来，忍耐力是成功的砝码

莎士比亚曾说："困苦永远是坚强之母。"所谓的苦难、错误并不是白白经历的，忍耐这些痛苦之后，它会让我们的人生绽放出最美丽的成功之花，因为忍耐力是成功的砝码。具有强劲忍耐力的人，他们从来不惧怕挫折和困难，他们甚至将挫折当作自己人生的试金石，当自己输得只剩下生命时，潜在心灵的力量还有多少呢？如果没有较强的忍耐力，就没有勇气，就没有拼搏精神。只有保持强劲的忍耐力，一往无前，坚持不懈，才会在失败中崛起，奏出人生的华章。人们在面对压力和困难时会激发巨大的潜能，但在迎难而上的同时，他们注定要经历磨难之苦，这时若没有较强的忍耐力，他们就无法获得成功。因此，我们说，忍耐力是成功的砝码。

曾国藩说："困心横虑，正是磨炼英雄，至汝于战，李申夫尝喟余叹气从不说出，一味忍耐，徐图自强。因引谚曰：'好汉打脱牙和血吞。'此二语，是余生平咬牙立志之诀。余庚戌辛亥间，为京师权贵所唾骂，癸丑甲寅，为长沙所唾骂；乙卯丙辰，为江西所唾骂；以及岳州之败、靖港之败、湖口之败，盖打脱牙之时多矣，无一次不和血吞之。"曾国藩认为，一个人如果不通过不断的磨砺来提升自己、完善自己，就会让自己私欲、情欲膨胀，自己的意志也变得软弱。一个人若想成就一番事业，那就必须不断地磨砺自己，除此之外，别无他法。凡成大事者，必须忍受得住困难的打磨，经得起失败的打击，成功需要风风雨雨的洗礼，一个有追求、有抱负的人，总是视挫折为动力，有一句话说得好："能受天磨真铁汉，不遭人嫉是庸才。"所以说，磨难对于天才是一块成功的跳板，对于强者是一笔宝贵的财富，而对于弱者，就是使之坚强的臂力器。

1832 年，毕业于哈佛大学的林肯失业了，这显然使他很伤心，但他下定决心要当政治家，当州议员。糟糕的是，他竞选失败了。在一年里遭受两次打击，这对他来说无疑是痛苦的。接着，林肯着手自己开办企业，可一年不到，这家企业又倒闭了。在以后的17年间，他不得不为偿还企业倒闭时所欠的债务而到处奔波，历经磨难。

随后，林肯再一次决定参加竞选州议员，这次他成功了。他内心萌发了一丝希望。认为自己的生活有了转机："可能我可以成功了！"

1835年，他订婚了。但离结婚的日子还差几个月时，未婚妻不幸去世。这对他精神上的打击实在太大了，他心力交瘁，数月卧床不起。1836年，他得了精神衰弱症。

1838年，林肯觉得身体恢复了，于是决定竞选州议会议长，可他失败了。1843年，他又参加竞选美国国会议员，但这次仍然没有成功。林肯虽然一次次地尝试，但却是一次次地遭受失败：企业倒闭、未婚妻去世，竞选败北。要是你碰到这一切，你会不会放弃？放弃这些对你来说是重要的事情？

林肯没有放弃，他也没有说："要是失败会怎样？"1846年，他又一次参加竞选国会议员，最后终于当选了。两年任期很快过去了，他决定要争取连任。他认为自己作为国会议员表现是出色的，相信选民会继续选举他。但结果很遗憾，他落选了。因为这次竞选他赔了一大笔钱，林肯申请当本州的土地官员。但州政府把他的申请退了回来，上面指出："做本州的土地官员要求有卓越的才能和超常的智力，你的申请未能满足这些要求。"

接连又是两次失败。在这种情况下你会继续努力吗？你会不会说"我失败了怎么办"？然而，林肯没有服输。1854年，他竞选参议员，但失败了；两年后他竞选美国副总统提名，结果被对手击败；又过了两年，他再一次竞选参议员，还是失败了。

林肯一直没有放弃自己的追求，他一直在做自己生活的主宰。1860年，他当选为美国总统。

亚伯拉罕·林肯在竞选参议员失败后曾说过这样一句话："此路艰辛而

泥泞。我一只脚滑了一下，另一只脚也因而站不稳；但我缓口气，告诉自己‘这不过是滑一跤，并不是死去而爬不起来’。”确实，一次失败并不会让你一无所有，相反，因为内心的忍耐力，会让你得到了宝贵的经验去开始下一次尝试。

曾有人说：“成功的人生是痛苦与失败的交织，是磨难与顺利的交替。”命运赐给我们机遇和幸福，同时也给我们缺憾和困难，如果我们缺乏应有的忍耐力，在痛苦与困难面前低了头，那我们也将失去机遇和幸福。因此，面对生活中的挫折和困难，不要畏缩自卑，不要怨天尤人，而是用坚强的意志和刚毅的态度对待磨难，用豁达的心态来对待生活，这样我们就会多一点希望，多收获一些幸福。

成功的人生往往是从卓越的目标开始的，但卓越的目标的背后肯定是充满荆棘和坎坷的。如果想通过这样一条路，就必须经受得住荆棘的刺痛和坎坷的摔打，而经受住这一切，就需要较强的忍耐力，这样追求成功的意志才会坚强起来。忍耐力是人生不可多得的财富，拥有了这笔财富，就没有什么困难不能被战胜，没有什么曲折可以把人击倒。

看似委曲求全，实则运筹帷幄

在生活中，在某种场景下，看似委曲求全，实则却是对整个局面运筹帷幄，这才是大智者。大凡取得一些成就的人，他们必定会经受一些磨难，吃尽苦头，然后才能等到出头之日，一鸣惊人。在这个过程中，他们不断地忍耐着痛苦与辛酸，精神上的，身体上的。那些痛彻心扉的日子，他们咬着牙，将滴落的血吞进肚子里。有时候，为了实现自己心中的理想，他们可能会寄人篱下，甚至遭人白眼，受人讽刺，但他们都忍耐过来。在这个过程中，他们就好像在委曲求全，实际上却是运筹帷幄，因为他们知道，自己的忍耐只需要等到一天，等到可以出头的那一天，一旦等到了有利的时机，自己就可以将所有的计划付诸实践。那么，自己以前所受的所有苦难都是值得的。

曾国藩刚开始办团练时，其中除了大量的湘军勇士，还有不少绿营军，这使得曾国藩面临着更多的问题。而且，在操练中，曾国藩始终坚守着"吃得苦中苦"，对将士们要求十分严格，风雨烈日，操练不休，这对于来自田间的乡勇来说，并不觉得太苦。但是，对于那些平日里只会喝酒、赌钱、抽鸦片的绿营兵来说，却像是"酷刑"，对此，绿营上上下下怨声载道。副将不到场操练，根本不把曾国藩放在眼里，甚至他对底下的士兵宣称："大热天还要出来操练，这不是存心跟我们过不去吗？"曾国藩一方面忧心军队的操练，另一方面还要应付绿营军的捣乱，日子过得十分辛苦。

当时，在长沙城内驻扎着绿营兵和湘勇，绿营军战斗力极差，受到了乡勇的轻视。对此，绿营兵十分愤怒，经常与乡勇发生摩擦。双方水火不容，开始由一些小争执变为战斗。而且，绿营军是朝廷的正规军队，深得清朝庇护，曾国藩所操练的湘军不过是乡间勇士，无人庇护。于是，曾国藩只能严格要求自己的军队，不得与绿营军发生冲突。即使曾国藩一再忍受绿营军的欺辱，但仍改变不了现状，绿营军更加横行霸道，湘军进出城门都会受到公然侮辱。朋友看见曾国藩如此辛苦，劝他参奏绿营军。不料，他却推托："做臣子的，不能为国家平乱，反以琐碎小事，使君父烦心，实在惭愧得很。"过了一阵子，曾国藩就将湘勇迁往外县，将自己的司令部也移到了衡州。

其实，曾国藩在组建湘军之际，确实吃了不少苦头。本来组建军队就面临着很多困难，同时还将遭受绿营军的挑衅，那确实是一段异常辛苦的日子。当时，咸丰帝下令曾国藩办团练，由于朝廷战事甚紧，也没给军队拨军饷，曾国藩作为军队的创办者必须解决军队的军饷问题，然而，这一切困难的问题，曾国藩都以坚韧的意志忍了过来，他明白"只有吃得苦中苦，方能成为人上人"。试想，如果当初曾国藩忍受不了绿营军的挑衅，在朝廷不提供军饷的情况下，就停止操练，哪还有后来轰动一时的湘军呢？在绿营军面前

的看似委曲求全、百般忍让，其实都在曾国藩掌控之中。唯有这样，才能建立起一支独立而极具力量的湘军。

相传，勾践战败后，他接受了大臣文种的建议，收买了吴国太宰伯丕向夫差称臣纳贡求降，越王和王后到吴国给夫差为奴做妾。夫差答应了，却在吴国对勾践夫妻极尽羞辱，勾践在夫差面前一副感恩戴德五体投地的奴才相，嘴里还感激夫差不计前嫌以德报怨，宽宏仁慈。勾践在夫差面前表现得十分恭敬，称自己为贱臣，小心翼翼，百依百顺。夫差要上马，勾践就跪下来让夫差踏在自己的后背上。夫差生病了，勾践在夫差面前寝食难安，问病尝粪，嘴里一边吃着夫差的大便，还一边说出自己的忠诚之志："恭喜大王，大王的病就快好了。"

就这样，勾践以自己的忠诚打动了夫差，终于夫差下令让勾践回到越国。勾践回到越国后，立志要报仇雪恨，他唯恐眼前的安逸消磨了自己的志气，于是在吃饭的地方挂上一个苦胆，每逢吃饭的时候，就先尝尝苦味，并问自己："你忘了会稽的耻辱了吗？"他还把席子撤去，用柴草当作褥子，这就是后人一直传颂的"卧薪尝胆"。

在吴王夫差面前，勾践简直跟奴才差不多，甚至比奴才更卑贱，不仅受到了夫差的百般侮辱，而且嘴里还感激夫差不计前嫌以德报怨，并自称"贱臣"。这样的姿态，比委曲求全更甚，自己所受的侮辱和苦难那不是普通人能及的，但勾践都一一忍耐了下来。其实，他早就有了复国大计，之所以在夫差面前百般恭敬，是为了赢得夫差的信任，这样自己就可以早日回到越国去施行复国大计。那看似的委曲求全，实则是一个计谋，勾践早已将整个计划运筹于帷幄之中。于是，这才有了后面"勾践灭吴"的故事。

忍耐，也是有目的的，如果一个人毫无目的的忍耐，不管遇到何人何事都采取忍耐的态度，那这样的忍耐就是愚蠢的。在忍耐的同时，我们应该问自己"为什么忍耐""忍耐需要达到什么样的目的"，当心中有计划，那就必须忍耐；当羽翼未丰，也需要忍耐。这样的忍耐是一种智谋，因为在委曲求全的同时，他早已将所有的计划掌控于胸中，忍耐不过是为赢得最后成功拖延时间而已。

明确目标，忍耐是对成功的执着

忍耐，有时候是对目标的一种执着，更是一种对成功的执着。当然，一个人要想成功，首先就得明确目标，有了目标，才有前进的方向，才不至于在前进途中迷失方向。明确目标以后，还需要朝着这个方向不断地努力，不管追寻路途中有什么样的困难和挫折在等着我们，都需要学会忍耐，因为忍耐是一种对胜利的执着。生活中，人们听到“逆境”“挫折”这样的词儿总是紧皱眉头，郁郁不得志。在他们看来，逆境意味着绝路，或许，自己再也没有翻身的那一天了。但往往事情并不是这样，多少成大事者都是从逆境风雨中走过来，从而获得了巨大的成功。

也许，你会问，同样是逆境，怎么会出现这样大的差别呢？那是因为，在逆境风雨中，那些坚持下来的人，他们有明确的目标，更懂得在追求目标的过程中忍耐，于是，他们往往会收获一份意想不到的礼物：或是乐观的心态，或是顽强的斗志，或是困难中的机遇。正是忍耐过程中获得的经验与教训，铸就了他们最后的成功。在追求目标的过程中，我们总会遇到各种各样的挫折与困难，也许我们并不欢迎逆境、磨难的到来，但是，当它们与我们不期而遇时，请不要调转回头。它们就好似一个魔鬼，一旦它看上你，就会对你穷追猛打，不舍不弃。而那些躲避甚至逃跑的人，只会被它欺负得更加悲惨。如果你想成就一番事业，那就应该明确自己的目标，学会忍耐，这样才能经得起逆境风雨的洗礼。

卡莉·费奥瑞娜从斯坦福大学法学院毕业后，她决定凭借自己的才华闯出一片天地。但遗憾的是，她所做的首份工作是一家地产公司的电话接

线员。费奥瑞娜每天的工作就是打字、复印、收发文件、整理文件等杂活，父母与亲戚对费奥瑞娜的工作感到不满意，认为一个斯坦福大学的毕业生不应该做这些杂活。但是，费奥瑞娜却没有任何怨言，她一边努力工作，一边学习。有一天，公司的经纪人向费奥瑞娜问道："你能否帮忙写点文稿？"卡莉·费奥瑞娜点了点头，凭着这次撰写文稿的机会，她展露了自己卓越的才华。在以后的日子里，卡莉·费奥瑞娜不断向前发展，后来成为惠普公司的CEO。

卡莉·费奥瑞娜刚开始进入社会时不受重视，只能替人打杂跑腿，接受无端的批评、指责，得不到提携，处于自生自灭的过程中。但是，她并没有选择放弃，而是心有目标，并学会在逆境中继续忍耐，等待机遇的降临。最后，懂得忍耐的她等到了自己的机会，而早已在心中的目标也终于实现了。

任何一个人在追寻目标的过程中，都将注定经历不同的苦难、荆棘，那些被困难、挫折击倒的人，他们必须忍受生活的平庸；而那些战胜苦难、挫折的人，他们能够突出重围，赢得成功。对于生活中的我们来说，需要明确自己的目标，而且朝着目标前进，在追寻目标的过程中，学会忍耐，因为忍耐是对胜利的一种执着。

杨润丹是美国杨氏设计公司的总裁，同时，她也是一位资深生活设计师。早年，她毕业于纽约大学的室内设计专业，后来在美国密歇根大学获得硕士学位。作为设计行业的领军人物，她已经从事设计工作30年了，在工作中，她倡导创造高品质的生活，并将不同的潮流设计带入室内外的设计中。与此同时，她所创造的品牌不断发展壮大，得到了越来越多人的支持与认可。

初识杨润丹，发现她是一个优雅恬淡的女子：细柔的言语、恬淡的笑容。但是，随着交谈的深入，很快发现她并不是一个柔弱的女子，在她的骨子里有着一份比男人更强的坚韧、执着。在受传统思想影响的社会，一个女人想要做成事真的很难，她们往往比男人付出更多，却收效甚微。杨润丹说："我并不想做一个女强人，也不喜欢别人这样称呼我。在中国，大部分女性都很优秀，而我只是找到了自己想要去坚持和努力的信仰，凭着那份坚韧与执着一步步走下去而已。"

早年，移居美国的杨润丹随着父亲第一次踏上中国。后来，由于设计便常常往返于中国与美国之间。随着对中国的熟悉，心有志向的杨润丹决定在中国成立工程公司。刚开始创业时，她白天做设计，晚上去工地检查、指导、学习，回忆那段辛苦的日子，她说："一个女人在中国在北京，我们没有任何关系，一开始赔了很多钱，无数次想背包回去不来了，在那会儿我还生病，可是我想这么多人跟着你，人家为你工作，就是相信你，所以，我只能成功，不能后退。"

杨润丹，这就是一个懂得忍耐的女子，她心中的那份认真与执着，为其成功奠定了扎实的基础。

若是问到成功的秘诀，杨润丹坦言："耐性是杨氏在中国成功的秘诀。"找准了自己的目标，在追寻目标的过程中，杨润丹更学会了忍耐，并将这份忍耐当作胜利的执着。当然，有了这份对胜利的执着，她最终获得了成功。

生活中，做人与做事有异曲同工之妙，做成一件事情，必然要经历挫折与困难，在这时若是不够坚韧，缺乏执着的精神，那么，事情肯定不会成功。其实，做人也是一样的道理，当我们面对困难不能再忍耐时，更需要坚持自己的理想，朝着既定方向坚定地走下去，忍耐这个过程中的困难和痛苦，最后你会发现，成功原来并不遥远。

保持顽强的耐心，成功指日可待

任何一次成功的背后，必定是百转千回的磨砺和痛苦，甚至是一次痛苦

的蜕变，所以说，成功是需要耐心的，需要更顽强的耐心。许多人都知道蝴蝶的蜕变过程，先是虫卵，等春天来了，出来了毛毛虫、菜青虫之类的虫子，这时基本上都是害虫，然后它们生长一段时间以后成熟了，就开始吐丝结茧，在过一段时间之后才会变成“翩翩起舞”的蝴蝶。在万花丛中，我们看蝴蝶，那美丽的翅膀抖动着，那亮丽的花纹在阳光的照射下更是熠熠生辉。可是，我们在赞叹蝴蝶美丽的同时，是否想到了它蜕变背后的艰辛呢？蝴蝶的蜕变是需要代价的，它所承受的代价都是忍受痛苦：蜕变的苦痛、等待的焦躁、忐忑不安的心境，这些都是蝴蝶在蜕变之时所承受的苦痛。其实，人何尝不是如此呢？如果自己想要成功，必须经历一个煎熬的过程，就好像蝴蝶蜕变一样，刚开始可能你只是一个什么都不会的毛头小伙子，后来慢慢有了想法，开始去尝试，尝试之后是失败，失败了再尝试，在忍受了无数次失败的痛苦之后，你才能迎来成功。然而，在这个过程中，你更需要顽强的耐心。

听说，华人导演李安执导的《理智与感情》被列入了“影史伟大的100部英国电影”榜单。回望李安的成功，就好像一次生活的蜕变，但这个过程中，他付出了巨大的代价。内敛和害羞的李安曾说：“我天性竞争性不强，碰到竞赛，我会退缩，跟我自己竞争没问题，要跟别人竞争，我很不自在，我没那个好胜心，这也是命，由不得我。”这个信命的男人，却以自己强韧的耐心完成一次生命华丽的蜕变，从一个普通的男人蜕变成了响彻国际的大导演。

虽然，李安毕业时的作品《分界线》为他赢来了一些荣誉，但毕业之后，他没有找到一份与电影有关的工作，他只得赋闲在家，靠妻子微薄的薪水度日。那段日子算是李安的潜伏期，他为了缓解内心的愧疚，不仅每天在家里大量阅读、大量看片、埋头写剧本，还包揽了所有的家务，负责买菜、做饭、带孩子，将家里收拾得干干净净。他偶尔也会帮别人拍拍片子、看看器材、做点剪辑处理、剧务之类的杂事，甚至还有一次去纽约东村一栋很大的空屋子帮人守夜看器材。在这段时间，他仔细研究了好莱坞电影的剧本结构和制作方式，试图将中国文化和美国文化有机地结合起来，创作一些全新的作品。

后来，李安回忆起这段煎熬的日子，依然十分痛苦："我想我如果有日本男人的气节的话，早该剖腹自杀了。"就这样，在拍摄第一步电影之前，他在家里当了6年的家庭妇男，练就了一手好厨艺，就连丈母娘都夸奖："你这么会烧菜，我来投资给你开馆子好不好？"蛰伏了一段时间后，李安出山了，他开始执导自己的第一部电影《推手》。紧接着，他内心对电影艺术的狂热就好像终于等到了发泄机会，一部接着一部，部部片子都是经典，都为其成功奠定了扎实的基础。

就这样，李安完成了一次生命华丽的蜕变。

一个对电影怀抱着理想和希望的男子，却甘愿在家里做了6年的"煮夫"，这需要何等的耐心呢？就连李安都自嘲说："我想我如果有日本男人的气节的话，早该剖腹自杀了。"在那段煎熬的日子里，他不断蛰伏着，就好像蝴蝶在蜕变之前所经历的一切环节，忍受着寂寞与孤独，忍受着枯燥和痛苦，但他终于以自己的耐心等来了成功。虽然，蜕变的代价是巨大的，但他已经忍受过来。现在的他，只需要轻轻地努力就可以采摘成功的果实，生活对于他，也从来都是公平的。

帕格尼尼的人生是充满苦难的：在他4岁时，一场麻疹和强直性昏厥症，差点要了他的命；7岁时，他又患上了严重的肺炎，不得不进行放血治疗；46岁时，他的牙床突然长满脓疮，只好拔掉几乎所有的牙齿；牙病刚刚好，他又染上了可怕的眼疾，幼小的儿子成了他手中的拐杖；年过半百后，关节炎、肠胃炎等多种疾病又时刻吞噬着他的肌体；后来，他的声带也坏掉了，只能靠儿子按口型翻译他的思想；57岁时，他口吐鲜血而亡；死后，其尸体也备受折磨，先后搬迁了8次！

但是，面对人生中的种种苦难，帕格尼尼并没有沉沦，他不仅用独特的指法、弓法和充满魔力的旋律征服了整个世界，而且发展了指挥艺术，创作出《随想曲》《无穷动》《女妖舞》和6部小提琴协奏曲以及许多闻名世界的吉他演奏曲，可以说他是一位善于用苦难的琴弦将天才演奏到极致的奇人。

听到了帕格尼尼的悲苦演绎，李斯特大喊："天啊，在这4根琴弦中包含着多少苦难、痛苦和受到残害的挣扎着的生灵啊！"在追求事业的过程中，苦难是不可避免的，但我们每个人都有自己的选择，有的人选择抱怨，有的人选择自暴自弃，有的人选择隐忍、奋进。很多时候，我们已经忘记了还有一种东西——耐心，当我们保持顽强的耐心，苦难就会令我们变得更坚强，成功也就指日可待了。

忍辱负重是一种偌大的勇气

忍辱负重是一种勇气，这是一种百炼成钢的勇气，而不是逞一时之快的勇气，这样的勇气并不是逞匹夫之勇，而是一种甘愿忍受屈辱的勇气。在生活中，许多人有逞英雄的勇气，但很少人能有忍辱负重的勇气，相比较而言，后者所需要的勇气比前者更厚重。缺少这种勇气的人，他们是难以忍受屈辱的，他们不是在屈辱中低下头，就是在屈辱中仰起头，等待着灭亡。而真正的忍耐，就是将自己的头低进尘埃里，然后等着在尘埃里开出花来，那是一种何等的勇气？俗话说："人生在世不如意十之八九。"在生活中，我们总会因这样或那样的事情而烦心，但是，如果我们想生存在纷繁复杂的世界里，最重要的就是学习"忍辱负重"，并练就这样的勇气。正所谓"小不忍则乱大谋"，在千变万化的社会中，难免会发生磕磕绊绊的事情，尤其是深似海的职场或官场中，斗争、受辱更是在所难免。所以，有时候，当我们置身于受辱的环境中，要懂得忍耐，鼓足勇气忍下去，这样才能取得最后的胜利。

前不久，公司下达了一个关于质量检查的通知，要求各部门届时提供必要的材料，准备汇报，并安排必要的检查。老李是销售部门的办公室主任，照例是先经过他的手，再送交有关局长处理。老李看到此事比较着急，当日便把通知送往了局长办公室。当时，局长正在接电话，看见老李进来后，只是用眼睛示意了一下，就让他把东西放在桌子上。于是，老李照办了。然而，就在检查小组即将到来的前一天，部里来电话告知到达日期，请安排住宿时，这位主管局长才记起此事。他气冲冲地把老李叫来，呵斥一顿，批评他耽误了事。

在这种情况下，老李深知自己并没有耽误此事，真正耽误事情的是局长自己，可他并没有反驳，而是老老实实地接受批评。事后，老李立即到局长办公室找出那份通知，连夜加班、打电话、催数字，很快就把需要的材料准备齐整。

事后，局长越发看重忍辱负重的老李，在一次公司大会上将他推荐上去。

老李明明知道这件事不是自己的责任，却甘愿闷着头来承担这个罪名。其中的原因在于，他知道自己在必要时为上司背黑锅，尽管自己眼下受点委屈，但是，黑锅不会白背，最后自己会有好处的，事实证明他的想法和做法都是正确的。所以，我们应该学会适时忍辱负重，他日定会走向成功。

在日常工作中，不论自己身处何职，都需要有忍辱负重的勇气。当领导将某些事故的责任推到自己头上时，这时候你必须有“忍”的勇气。有时候，即便明明是领导的过错，或者是处理不当，但在追究责任时，不要据理力争，而是鼓起勇气去忍耐，忍耐领导对自己的指责。因为忍耐之后，将是领导对你的信任。

曾国藩在初办团练时，有一次，绿营兵与湘勇哄闹，到了晚上还潜入了曾国藩的府邸。对此，曾国藩亲自告诉了巡抚，然而，巡抚却置之不理，曾国藩只好带着湘勇迁到了城外，避开绿营兵的扰乱。有人对此表示不理解，曾国藩叹息：“大难未已，吾人敢以私愤渎君父乎？”在大敌当前，怎么能为个人利益而泄私愤呢？唯有忍辱负重才好。后来，曾国藩更是将“忍辱负重”之术发挥到极致。

湘军前期发展并不顺利，出征之初就被大败于太平军，内心悲苦的曾国

藩更是跳水自尽,后被救起。当时,曾国藩披头散发,满脸泥沙。战局的困顿让曾国藩情绪很是低落,心中萌发了退意。不久,曾国藩就以回家为父亲守孝为名,弃军而去。第二年,湘军攻占了九江,已经平复心境的曾国藩决定重新出山。

曾国藩再次出山并没有赢得清政府的信任,一方面,因战事不利;另一方面,朝廷长期不给湘军体内制的身份,也不授予曾国藩正式的官职。后来,曾国藩才被授职为两江总督统率湘军。不过,在任职中,朝廷的猜疑使得他战战兢兢,如履薄冰。咸丰年间,朝廷在短期内连发两道诏书,一道是任命,一道是取消任命。曾国藩大叹:“我浴血奋战,受此猜疑,令人心寒,若被谋害,墓志铭里一定要替我鸣冤,否则死不瞑目。”

于是,就这样,曾国藩长期没有官职,没有地盘,没有实权,筹不到军饷。曾国藩率领着湘军孤军奋战,有时候还会被怀疑是伪军。对此,曾国藩只能忍辱负重,二度自杀。最终,他还是顽强地强忍了下来。直至天京沦陷,湘军镇压了太平天国起义,曾国藩将陷入危机中的清政府拯救过来,从起兵到胜利,曾国藩忍辱负重地度过了痛苦的 10 多年。

曾国藩那忍耐的勇气简直到了无法形容的程度,即便自己在压力下快要自杀时,他还是忍了下来,这不是懦弱,这才是真正的勇气。即使这样,曾国藩在检讨自己缺点时,这样说道:“自己忍得不够,有三大过错:平日不敢信、不尊敬别人,相对傲慢太甚;平时一句话不对劲儿,就怨恨无礼;抵触分歧之后,别人反而恢复平静易顺,自己却悍然不近人情。”检讨了自己的三点不足之处,曾国藩更注重“忍辱负重”。于是,在经历了漫长的阴霾之苦,他终于迎来了人生的艳阳天。

生活中,许多人逞一时之快,逞英雄,自以为这样就是勇气,这就是成功。其实则不然,真正的勇气是即使失败了,被人羞辱了,但还是忍耐下来,并将这种忍耐当作前进的动力。那些在压力与痛苦之下选择放弃或自杀的人,才是真正缺乏勇气的人,因为放弃和死亡已经结束了所有的事情,他们没有勇气去忍受，所以才会选择这种了却方式。所以，我们说忍辱负重是一种偌大的勇气，一种超乎想象的勇气，如果我们具备了这样的勇气，那在这个世界上，还愁什么做不成呢？

耐得住平淡，经得起悲欢

温特菲力所说："失败，是走上更高地位的开始。"真正的伟人，面对种种成败，从不介意，所谓"不以物喜，不以己悲"，无论遇到多大的失望，绝不失去镇静，只有他们才能获得最后的胜利。其实，真正懂得忍耐的人，是那些耐得住平淡、禁得起悲欢的人。然而在生活中，有的人晋升了职位、提高了薪金就欣喜若狂；相反，若是在竞争中失去了位置，失去了发财的机会，他们就会捶胸顿足，好似失去了一切。我们应该明白，平淡是人生的常态，悲欢是人生无法避免的场景，如果我们耐不住平淡，禁不起悲欢，那我们对生活还有什么可期待的呢？悲欢离合是一种际遇，平淡无奇更是一种生存的需要，面对这些，我们更需要忍耐，忍耐其中的悲伤和平淡，记住其中的欢乐和新奇，让后者成为生活不断前进的动力，忍耐着，等待着成功的姗姗来迟。

《周易·系辞上》："乐天知命，故不忧。"当你怀着乐观、积极的心态，秉承着"知己为天所命，非虚生也"的信念，用豁达的心胸来面对人生中的悲欢离合、平淡，你就会发现人生并没有那么可怕，也没有什么过不去的坎，更没有忍受不了的事。在人生的旅途中，做好自己，认真对待每一天，即使失去了也不要沮丧，即便获得了也不要太兴奋。不管我们愿不愿意，时间会悄悄地带走一切，也许我们在这个过程中会有获得的欢乐，也会有失去的痛苦，更有平淡的无奈。尽管身心疲惫，即使步履匆匆，也要乐观地向前看，虽然并不知道前面是不是自己的理想之地，但你却可以对自己说"无怨无悔"。人生路上，不要太计较自己的得与失，以一份平静的心情来迎接人生中的每

一次挑战，忍耐其中的枯燥与痛苦，这看似生命的无奈，实则是生命最绚丽的精彩。

大学毕业后，他只身带着单薄的行李南下，来到了炙手可热的沿海地区。刚开始时，因为自己要求太高，他处处碰壁，找不到工作，生活费也所剩无几。后来，他放低了自己的要求，委身在一家IT企业做一个普通的文员，一个月拿着微薄的薪水，勉强能够养活自己。朋友打电话会为他惋惜："这么优秀的人才，甘愿做一个文员，这简直是大材小用。"他笑了，没有任何的回答。

每天做很简单、枯燥的工作，他都能从中找到自己的快乐，而且他好学，遇到不懂的问题都会向同事请教。时间长了，老板欣赏他的踏实与认真，晋升他为秘书。之后，不断地升职，他已经在企业有了响当当的名气，这时他毅然放弃了高薪职位，拿着多年的积蓄，开了一家小公司。同事都觉得他很愚笨，只有老板对着他远去的背影，竖起了大拇指。小公司在他的努力经营下，一天天壮大，他成了远近闻名的大老板。每次回家探亲，亲戚都忍不住大加称赞，他只不过笑着说："我只是做小本生意，没有你们想象的那么优秀。"说完，就走开了。

在那年的金融海啸中，他的公司不幸也遭遇了很大的冲击。得知此消息时，他还在家里，父母担心地看着他。他很安静，反而安慰父母："没事，当年我也是一无所有，现在不过是时间的问题而已。"他赶到了公司，把剩下的资金散发给员工，解散了公司，幸好因为经营有方，即便出现了这样的灾难，公司居然不用举借外债。他带着行囊回到了父母身边，和父母一起开了家小饭馆，偶尔打打小牌，种点花草，养点小动物，日子很惬意，一点都看不出他曾经风光的痕迹。

佛曰："一花一世界，一草一天堂，一叶一如来，一砂一极乐，一方一净土，一笑一尘缘，一念一清静。"人生道路上有鲜花、有掌声，有多少人能等闲视之；人生路上也有坎坷泥泞、有满地荆棘，又有多少人能以平常心视之。

人生最大的财富，就是耐得住平淡，经得起悲欢。“荣辱不惊，闲看庭前花开花落；去留无意，漫随天外云卷云舒。”荣辱不惊，乐天知命，这是一份安详自在，更是一份在忍耐中所赢得的胜利。

忍耐是一种心态，即便是面对致命的诱惑，也能以平和、不急不躁、不卑不亢的心态来面对，浅尝生命的酒酿，忘却心中的烦恼；忍耐是一种态度，面对人生中的得与失，心境从容，不以物喜、不以己悲，心境永远不会因为得失而大起大落。无论是获得了幸福安乐，还是失去了荣华富贵，都要学会忍耐，能够看得淡，看得透，能够入乎其中、出乎其外，不会痴迷其中，也不会偏执地相信。

人的一生，总会面对得与失、升与沉、荣与辱、富贵与贫穷等迥然不同的遭遇。通常我们面对这样的遭遇，心境肯定会大起大落。如果我们学会了忍耐，那么这些遭遇对你来说都是过眼云烟。安静地对待得与失，微笑面对荣辱，永远保持着胜不骄、败不馁的心态，拥抱秉承着不卑不亢的生活态度。

第五章

忍耐是处变不惊的素养——沉声静气，笑看风云

忍耐是一种宠辱不惊的淡定，是一种处变不惊的素养，即便遇到再大的困难以及再残酷的打击，但人内心的坚韧与耐心都将不会被消磨殆尽。在他人的冷嘲热讽中，在他人的挑衅中，学会忍耐。忍耐，不仅仅是淡定之气，更是一种生存的能力。

学会忍耐，切莫大喜大悲

吕坤在《呻吟语》中这样写道："在遭遇困难的时候，内心却居于安乐；在地位贫贱的时候，内心却居于高贵；在受冤屈而不得伸的时候，内心却居于广大宽敞，就会无往而不泰然处之。把康庄大道视为山谷深渊，把强壮健康视为疾病缠身，把平安无事视为不测之祸，那么你在哪里都不会不安稳。"忍耐是人生的真正态度，一个人如果做到宠辱不惊，不大悲大喜，那么无论遇到什么事情，他都能泰然处之：得意的时候，淡然坦荡；失意的时候，安之若素。在生活中，往往有许多不尽如人意的地方，所谓"世事常难遂人愿"。有时候，我们会遇到挫折、困难，心灵会陷入各种各样的困惑之中。到达成功的巅峰，满心欢喜；一旦失意，则会在失落中彷徨，陷入惆怅中。虽然，我们所处的环境对自己一生有着不可割裂的关系，但是，根源在于只要我们保持宠辱不惊的心态，就能坦然面对生活本身，就有可能在失意时不被击倒，在得意时不至于从巅峰坠落。对于生活中的任何事情，都要以一颗平常心对待，学会忍耐，切莫大喜大悲。

5 年前，王太太还过着风光无限的生活，住洋房，开跑车，有英俊潇洒的丈夫，乖巧懂事的女儿，那时候，是她最幸福的时刻。可现在什么都变了，一切源于那次车祸。5 年前，王太太一家人自驾旅游，在细雨纷飞中，由于路面湿滑，酿成了严重的交通事故。在事故中，只有王太太一个人活了下来，当知道丈夫和女儿都已离去的时候，她竭尽全力朝着墙壁撞去，心里不断地问老天："为什么不带我一起走？为什么？这究竟是为什么？"摸着头上的血，她笑了，对身边的护士说："上天不让我离去，肯定有理由，就让我代替他们活下去吧。"

康复后的王太太租了一间小屋，原来的积蓄在手术治疗中已经花光了。

虽然，感到心中很累，但王太太还是坚强地活了下来。找工作、买菜、做饭，生活中的每一件事都做得一丝不苟，那么从容。昔日的好友走进了她的家门，惊讶道："以前你过惯了锦衣玉食的生活，现如今你是怎么活下来的？你忍受得了吗？"王太太笑了笑，眼睛望着窗外，说道："人生的大悲大喜，我都经历过了，对于我来说，还有什么可怕的呢？还有什么不能忍受的呢？以后的我，需要就这样从容地活下去，不悲不喜，品尝最平淡的生活。"

从昔日锦衣玉食的生活，突然沦落到拮据不堪的境地，这样的心理落差是很大的，一个普通的人是难以忍受的。但懂得忍耐的王太太忍受下来了，而且通过这些事情领悟出许多人生的道理：人生虽然有大起大落，大悲大喜，但只要学会了忍耐，凡事以宠辱不惊应对，自己就会品味到生活最甘甜的滋味。

胡雪岩是一个遇事不惊的人，在任何时候，他都表现得很从容，不大悲大喜。

当上海阜康的挤兑风潮波及杭州的时候，本来，在杭州负责主事的螺蛳太太是一个很有主见的人，但是，遇到这样大的挤兑风潮，她也没了主意，不知所措。就在这时，胡雪岩回到了杭州，他来到钱庄的时候，正好遇到店里开饭，胡雪岩神态祥和，看起来一点也不担心、悲伤。竟然，还闲情逸致地去看伙计们的饭桌，看到伙计们的饭桌上只有几个平常的菜，胡雪岩竟留心起来，不一会儿，就嘱咐钱庄档手谢云清："天气冷了，该用火锅了。"另外，他还要求谢云清将用火锅的规矩改改，要按照外国人的办法，以气温的变化为标准，冬天什么时候吃火锅，夏天什么时候吃西瓜。

虽然，胡雪岩这样关心伙计的行为在平日里也常有，但是，眼看钱庄就要面临破产的困境，他依然有如此的闲情来关心琐事，足见其从容的心态。其实，胡雪岩明白，在这个时候陷入悲伤之中，不仅于事无补，甚至会更加坏事。对此，他告诉自己：不要悲伤，不要怨恨任何人，甚至连自己都不能怨，只想自己该做什么，怎么做，这才是最关键的。

在危机来临时，胡雪岩比任何人都要懂得忍耐，时刻保持从容的神态，不忧虑、不悲伤，该做什么就做什么，跟什么事情都没发生一样。另外，胡雪岩的从容在一定程度上可以缓解危机的影响。比如，在这个时候，店里的伙计早已心急如焚，可胡雪岩还是有说有笑，跟往常一样，这对于稳定店里伙计的情绪有很好的作用。仅从这一点上看，就是胡雪岩的过人之处，不仅自己懂得忍耐，保持从容，还将那份从容感染给伙计，同心协力，共渡难关。

有人说："一个懂得忍耐的人，他没有不满，没有怀疑，没有嫉妒，没有牢骚，没有抱怨，没有恐惧，不悲不喜。"很多时候，我们的压力与不快乐是因为自己拥有的东西太少，而奢望太多。得意时的轻狂，失意时的沮丧，常常令我们陷入了悲与喜的纠结之中。人生在世，更要学会忍耐，从容不迫，在沉迷时清醒，在贪求时淡泊，对任何事情、拿得起，放得下，宠辱不惊，看庭前花开花落。

再残酷的打击都抵不过人心的坚韧

人生在世，我们总会遇到这样或那样的打击，轻则失业，重则身体残缺，但无论多么残酷的打击，都抵不过人心的坚韧。人的心就好像是生长在水泥与墙壁夹缝中的小草一样，在哪里落户，就在哪里生根；在哪里生根，就在哪里发芽；在哪里发芽，就在哪里生长；在哪里生长，就在哪里茁壮。虽然，看起来弱不禁风，却显示了极其顽强的生命力，因为心的坚韧，它始终以顽强的姿态生活着，不屈不挠，不卑不亢，即使遇到再残酷的打击，它们也会昂首于风雨中，这就是人心的坚韧。人只要学会了忍耐一切，那这个世界上所有的灾难和痛苦于他而言都算不了什么，在忍不住的时候再坚持一下，在绝望的时候想一想前方的希望，就这样，在所有残酷的打击之后，我们依然可以顽强地活下来。不仅如此，我们还带着希望和信心活了下来，那内心的希望和信心将铸就我们明日的成功。

叶乔波在10岁的时候就开始踏上了滑冰场，她是个追求完美的女孩子。当初那严酷的训练也让年幼的她疲于奔命，但为了踏上滑冰场，完成心中的梦想，她咬着牙坚持下来。18岁那年，她的头椎受伤了，在北京、沈阳几家大医院诊断，都被告知了相同的结论：如果再继续练滑冰，将有瘫痪的危险。于是，摆在她面前的是继续与放弃两种艰难的选择，但懂得忍耐、不服输的叶乔波选择了前者。

1988年，本来已经进驻冬奥会选手村的叶乔波突然被国际滑联取消了参赛资格，并被罚停赛15个月，理由是她所服的中药里含有禁药成分。即将踏上自己的人生舞台，却被告知取消了资格，这次打击无疑是十分严重的。对于23岁的她，似乎承受不起，因为自己已经没有多少时间了。

面对这样的结果，叶乔波一度失去了希望，但她还是抱着积极乐观的心态看待这一些。辛苦训练4年之后，她又一次站在了冬季奥运会上。在赛场上，准备充分的她以一连串令人震惊的成绩，让世人刮目相看。这时候，她已经28岁了，困扰着她的依然是艰难的去留选择，她考虑了很久，最终以超人的毅力留了下来，并为自己设定了更高的目标，超越荣誉的决心使她战胜了病痛。

在一次又一次的比赛中，她用自己的身体演绎了完美的神话。即使受着病痛的折磨，她依然展现出最迷人的风采，用不断的奋斗来充实自己的人生。

孟子说："天将降大任于斯人也，必先苦其心志，劳其筋骨，饿其体肤，空乏其身，行弗乱其所为，所以动心忍性，曾益其所不能。"即使周围的环境太艰苦，或者自身所受的折磨太痛楚，但如果你像叶乔波一样懂得忍耐，保持内心的坚韧，就一定能拥抱成功。反之，如果你一直都怀着消极的心态去生活，不仅对成功没有半点好处，还会阻碍自己前进的脚步。

小女孩在4岁那年就患上了脊椎炎，在石膏床上一躺就是4年。从石膏

床上下来后，她开始依靠拐杖走路。那时候，她并不知道这意味着什么，因为在上学期间，老师和同学们从来没有把她当作残疾人看待，也没有歧视过她。她在各方面都十分努力，不仅学习成绩优秀，还担任了少先队大队委员。上初中第一天报到时，她被老师扶上讲台，看着台下注视的目光，她感到很自豪。她很善于思考，每次有别的老师来听课，老师总是叫她起来回答问题，这让同学们羡慕不已。

虽然，她是一个品学兼优的学生，但在考大学时，她还是被命运抛弃了。她的成绩超过录取分数线很多，却因身体残疾而无法入学，这一次，她才真正感受到自己不是一个“正常人”。后来，无论是找工作还是找对象，都因为自己的残疾而屡屡受挫。直到 24 岁那年，她才找到了第一份工作，成了街道上的出纳员。

她早出晚归，勤奋努力地工作，但所获得的报酬却比别人少，这种被歧视的感觉常常涌上心头。后来，她成为刻板工，只用双手和大脑，每天描图、刻钢板，她开始接触汉字书法。在很偶然的情况下，她独辟蹊径，将心理学和熟悉的汉字书法联系在一起，创造出一套心理学书法的理论。慢慢地，她成为远近闻名的心理咨询师。

或许，教人练习书法，这是一件很普通的事情；给人做心理咨询，也并不是什么新鲜事情。但对于一位拄着双拐的残疾女孩，却将心理学和传统的汉字书法融为一体，成为很特别的心理咨询师，从而实现了自己的人生价值。在命运的残酷打击下，她没有低头，而是用内心的坚韧换来了自己的成功，这不能不说是一个传奇。

有人说：“俗话说，虱子多了不咬人，所以，困难多了也不压人。遇到困难，唯一的选择就是面对。”残酷的打击算得了什么？那不过是促使我们更加勇往直前的力量，保持内心的坚韧，忍耐所有来自生活和人生的打击，努力扛起所有的痛苦与灾难，一步一步地走向辉煌的明天。

忍耐中看淡他人的冷嘲热讽

我们活在这个世界上，首要目标就是为了实现自己的价值，而不是为了求得所有人的认同甚至拥护。在我们身边，每个人的思维和行为方式都不一样，总有一些人跟自己合不来，他们有可能会对我们的言行冷嘲热讽，其实这都是极为正常的。因为在这个世界上，任何人都不可能赢得所有人的心，在我们的朋友圈子以外，总会有那么几个人，心生嫉妒，不怀好意地望着我们。不论我们怎么努力，我们都不可能让所有人都成为自己的朋友。在这种情况下，我们需要忍耐那些非朋友的冷嘲热讽，在忍耐中变得淡然，既然他丝毫不会理解你，那么他的冷嘲热讽对你而言，也是毫无意义的，就好像是盘旋在头顶上的嗡嗡叫的苍蝇一样。对此，我们根本没有必要花很多时间和精力去悲伤或是愤怒，赢得好人缘固然是一种幸运，但有时候我们内心仅满足“得一知己”。这样想来，对其他人的冷嘲热讽，我们就没有必要为之生气，而是淡然笑之，在忍耐中修炼自己，淡定从容，努力实现自我的人生价值。

一个人如果总是患得患失，太注重别人的态度，并将自己的得失建立在别人的言行上，那他怎么会开心呢？对于自己的所作作为，别人要是嘲讽，那就让他嘲讽好了，又何必在乎一个自己原本不在乎的人所说的话呢？如果对方没看清楚事实，那根本就是这个人的损失，与自己无关。我们应该学会忍耐，并在忍耐中看淡那些所谓的冷嘲热讽。

1897 年 5 月 6 日，维克多·格林尼亚出生在法国瑟儿堡的一个有名望的资本家家庭。当时，他的父亲经营了一家船舶制造厂，有着万贯家财。在格林尼亚童年时期，由于家境优裕，再加上父母的溺爱和娇生惯养，使得他在瑟儿堡四处游荡，盛气凌人。那时候，他没有理想，没有志气，根本不把学

习放在心上,整天梦想着成为王公贵人。由于他长相英俊,当地的那些美丽的姑娘都愿意与他交往。

但是,在一次午宴上,一位刚从巴黎来到瑟儿堡的波多丽女伯爵竟然毫不客气地对格林尼亚说:“请站远一点,我最讨厌被你这样的花花公子挡住我的视线!”这句话就好像针扎一般刺痛了他的心。刚开始,他为这句话自卑、疯狂、偏执,但不久之后,他就醒悟了。他开始悔恨自己的过去,产生了羞愧和苦涩之感,他决定发奋学习,发誓一定要追回过去所浪费的时间,并且每当自己的灵魂和肉体麻木时,他就用这句话来刺痛自己。后来,他决定远离家乡,临走之前,给家人留下了这样一封书信:“请不要探询我的下落,容我刻苦努力地学习,我相信自己将来会创造出一些成就来的。”

格林尼亚来到了里昂,拜路易·波韦尔为师,通过两年刻苦的学习,他终于补上了过去所落下的全部课程。后来,他进入里昂大学插班就读,在大学期间,他获得了有机化学权威菲利普·巴尔的器重。在巴尔的帮助下,他将老师所有著名的化学实验重新做了一遍,并准确纠正了巴尔的一些错误和疏忽之处。就这样,这些大量的平凡实验中诞生了格氏试剂。

格林尼亚就好像打开了科学的大门,他的科研成果不断地涌现出来。基于其伟大的贡献,1912 年,瑞典皇家科学院授予其诺贝尔化学奖。这时,他收到了那位波多丽女伯爵的贺信,里面只有一句话:“我永远敬爱你。”

波多丽女伯爵无意中的嘲讽,竟然成为格林尼亚前进的动力。虽然,刚开始听到这样的语言,他也自卑、疯狂、偏执,但很快他就醒悟了,他觉得自己应该忍耐这些讽刺,而且应该发奋努力,做出卓越的成绩。果然,当格林尼亚获得了诺贝尔化学奖,那位曾经嘲讽自己的波多丽女伯爵只说了一句“我永远敬爱你”。

林肯当选总统的那一刻,整个参议院的议员都感到十分尴尬,因为当时美国的参议员大部分都出身望族,他们自以为是上流优越的人,从没想过所面对的总统竟然是一个出身卑微的人,因为林肯的父亲是一个鞋匠。

当林肯站在讲台时，一位态度傲慢的参议员站起来说："林肯先生，在你开始演讲之前，我希望你记住，你是一个鞋匠的儿子。"顿时，所有的参议员都笑了起来，为自己可以羞辱林肯而开怀大笑。这时，林肯不卑不亢地说："我非常感激你能使我想起我的父亲，他已经过世了，我一定会记住你的忠告，我永远是鞋匠的儿子。我知道我做总统永远无法像我父亲做鞋匠做得那么好。"所有的议员陷入了沉默，这时，林肯对那位傲慢的参议员说："据我所知，我父亲以前也曾经为你的家人做鞋子，如果你的鞋子不合脚，我可以帮你改正它，虽然我不是伟大的鞋匠，但是我从小就跟父亲学会了做鞋子这门手艺。"

然后，他再一次扫视全场的参议员，说道："对参议院里的任何人都一样，如果你们穿的那双鞋子是我父亲做的，而它们需要修理或改善，我一定尽可能地帮忙。但是有一件事是可以确定的，我无法像他那么伟大，他的手艺是无人能比的。"说到这里，他流下了眼泪，顿时，全场爆发出热烈的掌声。

对于参议员的冷嘲热讽，林肯选择了忍耐，他只是道出了父亲的伟大，正是这一点，打动了所有在场的议员们。别人对自己冷漠，嘲讽自己，那并不意味着自己的价值毫不存在。别人看轻了自己，没有关系，只要我们自己看重就行了。如果别人肆意侮辱，而那些侮辱的言辞是毫无根据的，不要生气，你只需要抱以置之不理的态度，在忍耐中淡然面对，这样才会越发体现你超凡的人格魅力。

反败为胜的智慧尽在忍耐中

对于我们每一个人来说，即便自己的能力再强、机遇再好，也不可能保证自己一辈子都一帆风顺。在人的一生中，总会遭遇各种各样的困难和挫折，有时候哪怕付出了再多的努力，却换来了失败的结局。其实，人生本没

有输赢，只要我们内心不败，总有一天，我们一样可以站在成功的高峰。俗话说："失败乃成功之母。"失败所带来的打击和痛苦都不算什么，只要我们能忍耐失败，在忍耐中等待机遇，那就有可能反败为胜，因为反败为胜的智慧往往隐藏在忍耐中。当然，如果一个人难以忍受失败，在失败的压力下一蹶不振，甚至选择放弃自己的生命，那他是难以东山再起的。反败为胜的奇迹往往会降临在那些内心不败的人身上，它们只会给那些懂得忍耐的人带来希望和机遇。不管是失败，还是最残酷的打击，对于一个懂得忍耐的人而言，都算不了什么，因为他们明白，只要自己学会忍耐，在忍耐中挖掘机遇，最终是可以反败为胜的。

生活就是这样，在很多时候，输赢并不是我们所能决定的，面对输赢，需要保持一颗平和的心，赢得起，更要输得起。内心不败，就是我们再次赢得成功的最好秘诀。

本来工作做得很好的麦克，突然接到了主管的命令："麦克报告新闻的风格奇特，不容易被一般观众接受，以后不准播黄金段，改为23时的收播新闻。"麦克知道自己被贬了，但极力忍耐，装出一副愉快接受的样子："谢谢长官，因为我早就盼望运用18时下班后的时间进修，却一直不敢提。"就这样，麦克每天一下班就去进修，然后认真播报每天的晚间新闻。通过他的努力，夜间新闻的收视率提高了，观众好评不断，同时，也有不少观众反映：为什么麦克只播深夜，不播晚间呢？

总经理看见了，直接嘱咐主管说："让麦克尽快重新回到七点半的岗位，我下令他播晚间新闻。"麦克回到了黄金时段，但心中愤恨难平的主管却当众宣布："虽然麦克是学财经的，但是由他采访财经新闻容易产生弊端，以后改跑其他路线。"对于跑财经已经颇有名气的麦克而言，这简直是侮辱，他怒火中烧，但他强忍了下去，默默地承受了。

后来，在总经理的要求下，麦克还是回到了财经新闻的路线。这时主管又开始发难了："我打算让你制作一个新闻评论性的节目。"麦克回答说："好极了。”虽然他知道新闻性极不讨好，收入很微薄，但依然在忍耐中答应了。之后，麦克尽心工作，竟然将本来枯燥无味的新闻评论性节目做得有声有色。

过了不久，原来的新闻部主管调职做了冷板凳，而新任的主管正是麦克。

麦克一次又一次成功了，原因在于他在遭受失败时，不论结果多么残酷，他都默默地忍耐下来。试想，如果当初遭受主管的责难，他就自怨自艾、一蹶不振，或者在一气之下拂袖而去，那又怎么能一雪前耻、反败为胜呢？“能忍人所不能忍者，必能成人所不能成”，麦克为这两句话作了最好的注脚。

在生活中，反败为胜并不是奇迹，而是忍耐之后的必然结果。对于一个普通人来说，失败的痛苦是难以承受的，但如果你不断地忍耐，并在忍耐中挖掘机遇和灵感，最终成功还是会属于你的。从失败到成功，你所经过的只是一个忍耐的过程，只要你能顺利地通过这条坎坷之路，那必然会再一次赢得成功。

保持自信，无视他人的质疑

美国职业橄榄球联合会前主席D.杜根曾说：“强者不一定是胜利者，但胜利者迟早都属于有信心的人。”从心理学角度说，信心可以决定一个人的成功与失败。一个人要想获得成功，就需要保持内心的自信，对于他人的挑衅置之不理，这样我们才能走上通向成功的康庄大道。在任何时候，我们都不需要怀疑自己的能力，也不为自卑所困扰，我们需要从过去的成功经历中汲取养分，滋润自己的信心。不要沉溺于对失败经历的回忆，而是要将失败的景象从自己脑海中赶出去，尤其是当自己的言行遭到别人质疑时，我们更

需保持较强的自信心,相信自己一定能行,不要轻易地怀疑自己。对同一件事情,每个人的思维和行为方式都是不一样的,难免会形成不同的意见,如果我们的看法遭到了别人的质疑,不要犹豫,更不要人云亦云地放弃自己的见解,而是保持绝对的自信,相信自己,并用实际行动向世人证明自己的能力。因为自信,会让我们拥有一张人生之旅的永远坐票。

一位成功人士讲述了自己的故事:

在我小学六年级的时候,由于考试得了第一名,老师送给我一本世界地图,我十分高兴,回到家就开始翻看这本世界地图。然而,很不幸的是,那天正好轮到我为家人烧洗澡水,我一边烧水,一边在灶间看地图。突然,我看到了一张埃及的地图,原来埃及有金字塔、尼罗河、法老王,还有许多神秘的东西,心想:我长大以后一定要去埃及。我正看得入神的时候,爸爸走过来了,他大声对我说:"你在干什么?"我说:"我在看地图。"爸爸跑过来给了我两个耳光,然后说:"赶快生火!看什么埃及地图!"然后,他又踢了我一脚,严肃地对我说:"我给你保证!你这辈子绝不可能到那么遥远的地方!赶快生火!"

我呆住了,心想:爸爸怎么给我这么奇怪的保证,真的吗?难道我这辈子真的不能去埃及吗?20年后,我第一次出国就去埃及,朋友都问我:"你到埃及去干什么?"我说:"因为我的生命不要被保证。"我自己跑到了埃及,当我坐在金字塔的最前面,我买了张明信片写给爸爸:"亲爱的爸爸,我现在在埃及的金字塔前面给你写信,记得小时候,你打我两个耳光,踢我一脚,保证我不能到这么远的地方来。"

对于那些隐藏在内心深处的梦想,谁也不能给予保证,就连我们自己也不能保证,更别说其他人了。如果有人保证我们不能实现梦想,并对我们的梦想进行挑衅,那不过是他表达意见的方式,对我们的梦想本身是毫无损伤的。我们依然可以相信自己,带着满满的自信,向自己的梦想前进,总有一天,我们会以实际行动告诉世界:自信,是点燃梦想的翅膀。

在一次作文课上，老师给出的题目是：我的梦想。一个小朋友飞快地写下了自己的梦想，他希望自己能拥有一座占地十余公顷的庄园，在庄园里有小木屋，烤肉区，还有休闲旅馆。然而，这个梦想到了老师手里，被画上了一个大大的红“×”，并要求重写。小朋友感到很不解，老师说：“我要你们写下自己的梦想，而不是这些如梦呓般的空想，我要实际的梦想，而不是虚无的幻想，你知道吗？”小朋友据理力争：“可是，老师，这真的是我的梦想啊！”老师生气地说：“不，那不可能实现，那只是一堆空想，我要你重写。”小朋友不愿意妥协，他自信地说：“我很清楚，这才是我真正想要的，我不愿意改掉我梦想的内容。”老师摇摇头：“如果你不重写，我就不让你及格了，你要想清楚。”小朋友坚定地摇摇头，不愿意重写，最后那篇作文他只得到了一个大的“E”。

然而，30 年过去了，老师带着一群小学生来到了一座很大的庄园，享受着如毯的绿草，舒适的住宿以及香味四溢的烤肉。就在这里，老师遇见了庄园的主人，他就是当年那位作文不及格的学生。如今，他实现了自己儿时的梦想，老师惭愧地说：“30 年来为了我自己，不知道用成绩改掉了多少学生的梦想。而你，是唯一坚定自己梦想，相信自己，没有被我改掉的。”

在生活中，对于自己的梦想或是目标，不管多么虚无缥缈，多么不切实际，都需要坚持到底，永远地相信自己一定能办到，一定可以实现这些目标。如果有人对我们的想法进行质疑，也不要退缩，更不要随意更改自己的目标，有句话叫“走自己的路，让别人去说吧”。别人爱对我们的言行冷嘲热讽，那是他们的事情，而我们只需要保持自信，就可以赢得最后的成功。

有时候，他人的质疑不仅动摇不了我们内心坚定的信念，反而会成为我们不断前进的推动力。因为不甘愿服输，不甘愿被人看不起，我们会努力证明自己，每次在坚持不下去时，就想想那些质疑我们的人，我们就会更加坚定自己心中所想，保持绝对的自信，将当初那些不切实际的东西变成现实，以此来证明自己。所以，对于别人的质疑，不要在意，更不要随意动摇自己的自信心，我们所需要做的就是毫无条件地相信自己，因为自信心也是一股

巨大的力量，它会促进我们不断地前进，不断地完善自我，最后一举登上成功的宝座。

融会变通的忍耐哲学

忍耐，也是需要灵活多变的，不仅仅一味地消极退让。在生活中，如果对于自己力所能及的事情，遇到了困难就退缩不前，如果将这样的退让也当作是忍耐，那这样的行为是不可取的；面对邪恶，害怕引火烧身而设法忍耐，这样的忍耐有悖正义。忍耐哲学的融会贯通，不仅需要将忍耐发挥到极致，还要学会在忍耐中有所获得，忍耐什么，怎么忍耐，什么时候忍耐，都需要具体情况具体分析。在人生路上，面对那些不可能实现的目标，暂时的忍耐，其实是为了再次前进积蓄力量，这样的忍耐是保存实力，是一种明智的忍耐。有时候，为自己的利益得失所做出的忍耐是一种智慧，我们应该明白，一开始的忍耐并不是懦弱，而是为了赢得最后的成功。

俗话说："好汉不吃眼前亏。"但在生活中，有时忍受点小亏反而会获得大的利益。传统的中国人一向提倡"以忍为上"，这本身就是一种玄妙的处世哲学，更是一种融会贯通的忍耐智慧。在实际生活中，那些凡是不能忍受吃亏的人，结果却往往吃尽了苦头。坚韧的忍耐精神是一个人意志坚定的表现，更是一种为人处世的智慧。人生难得事事如意，学会忍耐，适时退却，你反而可以获得无穷的益处。刘邦与项羽在称雄争霸、建功立业上，就表现出了不同的态度，最终也得到了截然不同的结果。著名词人苏东坡在评判楚汉之争时曾说："项羽之所以会败，就因为他不能忍耐，不愿意吃亏，结果白白浪费了自己百战百胜的勇猛；汉高祖刘邦之所以能胜，就在于他会忍耐，懂得吃亏，养精蓄锐，等待时机，最后夺取胜利。"在生活中，无论在什么样的情况下，勇气并非是一味地冲锋陷阵，而是懂得忍耐，也就是有勇有谋，这才是忍耐的灵活之处。

明朝时期，尤老翁在苏州城里开了一个典当铺，这位尤老翁平时最懂得忍耐，因此，无论是街坊邻居，还是外来客人，都喜欢跟他打交道。

有一年快到年关时，尤老翁正在屋里盘账，忽然听到外面有吵闹的声音，于是就匆忙地跑了出去。到了柜台，他看见穷邻居赵老头正在与自己的伙计吵架。尤老翁明白，这个赵老头是一个蛮不讲理的人，他没去问个究竟，就先将伙计们训斥了一遍，然后好言向赵老头赔个不是。然而，赵老头表情依然像刚才一样，丝毫不给尤老翁面子，还是板着脸孔，站在柜台前不说一句话。

这时，心中委屈的伙计悄悄对老板说："老爷，他前些日子当了一些衣服，现在他不还当衣服的钱，却硬是要将衣服拿回去。我要向他解释，他竟然破口大骂，我真的不知道该怎么办才好。"尤老翁也知道不是自己伙计的过错，他先吩咐伙计去照料其他的生意，而他亲自来应付这个蛮不讲理的赵老头。忽然，他头脑中想到了办法，快速走到赵老头的旁边，语气恳切地说："老人家，不要再对刚才的事情耿耿于怀了，不要跟我的伙计一般见识，你就消消气吧，大家都是熟人，我不会介意这种小事的，衣服你就拿回去穿吧。"

不等赵老头回答，尤老翁就吩咐伙计将其典当的衣服拿过来。但赵老头似乎一点也不感激，拿起衣服就走。而尤老翁并不在意，只是含笑拱手将赵老头送出大门，然而就在这天夜里，那个赵老头竟然死在了一家典当铺里。

原来，这位赵老头负债累累，家产早已典当一空，走投无路之下，他寻了短见。他预先服下了毒药，先来到尤老翁的当铺吵闹，想以死来敲诈钱财，没想到尤老翁一向善于忍耐，宁愿自己吃亏也不跟他计较，他觉得敲诈这样的人实在不忍心，就决定离开尤老翁的典当铺。就这样，他来到了另一家当铺，结果毒性就发作了。后来，赵老头的亲属向官府控告这家店铺逼死了赵老头，与他打了好几年的官司。最后，那家店铺筋疲力尽，花了很多钱才将这件事摆平。

事后，尤老翁只是说："我也没想到赵老头会走这条绝路，我只是想如果有人无理取闹，我不会和他硬碰硬，我会尽可能地忍耐，退一步来处理这个问题。哪怕是吃点亏，我觉得也没什么大不了的。"再回过头来看这件事，正是尤老翁的忍耐让他躲开了大的灾难。

俗话说："严于律己，宽以待人；能容人之短，让人之过。"忍耐可以反映出一个人的修养和度量，它是一种升华个人品质的素养。虽然，我们从小就接受着懂得忍耐的教化，但我们也需要记住：忍耐是有限度的，而不是一味地忍耐。一味地忍耐，很容易让人感觉你是一个软弱的人，一个软弱的形象是很容易被人瞧不起的，从而导致在以后的交往中被更多的人轻视和欺负。一味地忍耐还会让人感觉你没有主见，分不清是非，若是在原则问题上一味地忍耐，通常会害了自己。

在生活中，忍耐需要有个度，如果有人无意中冒犯了你，为了体现自己的宽容大度，我们当然选择忍耐。但如果对方是有心为之，而且给你带来很大的伤害，甚至对你的尊严造成了威胁，那当然不能忍耐。人需要忍耐，但凡事都以忍耐待之，那就不叫忍耐，而是怯懦了。对于我们而言，千万不能忍无止境，而是需要保持自己的骨气，拿捏好忍耐的"度"，而不是一味地忍耐下去。

第六章

忍耐是巧化干戈的谋略——以柔克刚，化敌为友

忍耐，实际上是“严于律己，宽以待人”。这既是一种待人接物的态度，更是一种高尚的道德品质。懂得忍耐，可以化解人和人之间的许多矛盾，增强人和人之间的友好感情，它是巧化干戈的谋略，更是以柔克刚化敌为友的绝妙技巧。

忍他人之短，容他人之长

在生活中，我们不仅需要忍耐他人的短处，还需要容忍得了他人的长处。有可能我们是被嫉妒的那一位，时刻遭受着嫉妒者的奚落、冷漠，但在另一方面，我们可能是某些人的嫉妒者，嫉妒他们所能而己不能，所有而己没有的方方面面。在我们身边，有明显缺点的人，更有许多有长处的人，如何来平衡这样一种关系，从而达到平衡自己的心理呢？其实，不管是他人的短处，还是他人的长处，这都是一种客观存在，根本威胁不了我们自身，毕竟在这个世界上，我们每个人都是独一无二的。这时不妨学会忍耐，努力克制自己，既忍得了他人之短，更忍得了他人之长，这样我们心中才会坦然，不会因此而自怨自艾。

当然，容得了他人之短，忍得了他人之长，需要我们具备豁达的心态。内心的嫉妒或羡慕往是来自于生活中某方面的缺乏，当我们容忍不了别人的长处，那是因为别人得到了你想要的地位或荣誉，所以你心生不满，心怀嫉妒。于是，总是有这种“缺乏感”来扰乱想法和感觉，它将引起不满的负面心理状态，自己被狭窄的心纠缠，并不断强化和持久化这种负面心理。那么，为了摆脱这种负面心态，就要学会忍耐，需要培养豁达、洒脱的心态。或者，忍耐本身就是一种豁达、洒脱的心态，对于比自己差的人，需要包容他们；对于比自己优秀的人，则需要懂得“天外有天、人外有人”“强中自有强中手”的道理。相信自己，通过自己的不断努力，日后定会超越他们，当下自己要做的就是：以优秀者为榜样，对照检查自己，制订赶超计划。相信不久的将来，你也是别人的嫉妒对象。

小珊在一家外企工作，上司都很喜欢她，可是，身边的一些女同事却总是恶语相向。只是因为小珊喜欢这份工作，所以一直坚持到现在。小珊平时喜欢安静，可这样的喜好在其他同事看来却成了“高傲”，小珊感叹：“女人多即是非多啊！”其实，小珊的内心似乎并不坦然，她对那些口出恶言的女同事充满了憎恶。为什么会在人际关系中有这样的感觉呢？到底这样的感觉是别人的错还是自己的错，她似乎并没分清楚。

其实，小珊需要忍得了女同事“乱嚼舌头”的短处，理解其内心的那份嫉妒之心是正常的，这至少表明自己还是优秀的。毕竟，在这个世界上，一个平庸之人是难以引起他人的嫉妒之心的。如果小珊能这样想，那心中便会释然了。同时，我们还需要容得下别人的长处，在我们身边，可能总会出现一些比自己优秀的人，面对这样的人，我们要“宰相肚里能撑船”，懂得忍耐，告诉自己：你依然拥有与众不同的一面。

管仲从小就失去了父亲，自幼与母亲相依为命。他天资聪慧，遇到事情喜欢动脑筋，对一些问题总是寻根究底，他的理想是当一名贤士名流。当时，管仲家庭贫困，被生活所迫，他不得不学着做生意。刚开始，他把母亲编好的草帽拿到集市上卖，但由于自己要价太高，结果整整一天，他一顶草帽也没有卖出去。正在管仲又饿又困时，鲍叔牙路过此地，经过一番闲聊，管仲的学识以及修养令鲍叔牙很是敬佩。当他了解到管仲的身世后，对他更为同情，于是，鲍叔牙请管仲到旅馆住下，与其纵论天下大事。管仲从言谈间表现出来的才干令鲍叔牙十分钦佩。他对管仲说：“如果你愿意，咱们俩合伙做生意吧。”管仲当即答应了，两人结拜为兄弟。

由于管仲家里比较贫穷，做生意的本钱都由鲍叔牙出，但是赚来的钱，鲍叔牙总是把多的一半分给管仲。这令管仲很是过意不去，鲍叔牙却说：“朋友之间应该互相帮助，你家里不富裕，就别客气了。”过了一阵子，两人一起去当兵，在向敌方进攻时管仲总是躲在后面，而大家撤退时他又跑在了最前面，士兵们纷纷议论管仲贪生怕死，鲍叔牙却替管仲解释说：“管仲家里有老母亲，他保护自己是为了侍奉母亲，并不是真的怕死。”管仲听到了这些话非常感动，感叹道：“生我的是父母，了解我的是叔牙啊！”

后来，齐桓公在鲍叔牙的帮助下取得了王位，他继位之后，立即封鲍叔牙为宰相。而管仲当时帮助的则是公子纠，齐桓公继位之后，管仲被囚，鲍叔牙知道自己的才能不如管仲，于是向齐桓公建议说："管仲是天下奇才，大王若是能得到他的辅佐，称霸于诸侯将易如反掌，管仲并不是与你有仇，只是当时效忠公子纠而已，大王若不计前嫌重用他，他也一定会忠于您。"不久之后，齐桓公重用了管仲，在管仲与鲍叔牙的辅佐下，齐国渐渐强盛起来。

鲍叔牙以宽阔的心胸向齐桓公举荐了管仲，虽然管仲的才能远远在鲍叔牙之上，但鲍叔牙并没有生出嫉妒之心，反而处处为管仲着想，凡事都帮着他，他们在历史上成就了一段感人肺腑的友谊。正所谓"举廉不避亲，举贤不避仇"，当我们遇到了比自己更优秀的人时应心存敬佩之情，而不是心生不满，甚至心生嫉妒。在生活中，我们常常会遇到竞争对手，在与之相处的过程中，不自觉就总是看他不顺眼，处处想排挤他。其实，这是一种嫉妒现象。鲍叔牙容下了管仲的优秀，所以，他们成就了一段历史佳话。

忍耐，是一种真正豁达的心态，是用自己广阔的胸怀去包容一切。在生活中，即便我们身边人有缺点，抑或是非常优秀，但对我们而言，应包容有缺点的人，向比自己优秀的人学习。所以，在空闲时间，我们需要多参加各种有益的活动，让自己变得充实，这样心胸也就慢慢开阔了，自然而然，也就懂得了忍耐。

巧装糊涂，忍他人之攻击

在生活中，一个人心中太明白，精明过人，这并不一定就是一件好事。我们应该明白，太精明，在别人看着这就是犯傻，忍耐有时候就是装糊涂，凡事不能表现得太聪明，这样反而对事情很有利。古人曰："水至清则无鱼，人至察则无徒。"确实是这样，一个人若是过分表现出精明强干的一面，这可以说是一件坏事。不管是做事还是做人，假装迟钝一点、傻一点、糊涂一点，往往比太聪明的人活得更智慧。在平时的交往中，我们该明白时需要装糊涂，哪怕是面对他人的攻击，我们也需要适时装糊涂，避重就轻，轻轻松松化开彼此之间的尴尬。装糊涂是忍耐的一门大学问，也就是自己心里明白，却假装糊涂，这是做人的技巧。

面对他人的攻击，揣着明白装糊涂，学会弯腰低头，那是一种做人之道，更是一种生存之道。如果你的反应太过激烈，太过直接，那将造成两人大动干戈，而这正是交际场合中的大忌。不管是他人的尖酸刻薄，还是不怀好意，我们需要忍耐，适时装糊涂，故意曲解对方的意思，或者幽默面对。巧妙地装糊涂才是一种真聪明，才能显示出真智慧，不但给双方的关系涂上了润滑剂，从而建立和谐友好的关系，还能使整个场面变得轻松愉快。相反，如果你太在意别人的言语，对之恶语相向，那必将使整个场面陷入僵局。

萧伯纳的名剧《武器与人》首演时，获得了极大的成功，他应观众的要求来到台前谢幕。这时候，有一个人在首座高喊“糟透了”。对于这种无理的语言，萧伯纳没有怒气冲冲，而是微笑着对那人鞠了一躬，彬彬有礼地说道：“我的朋友，我同意你的意见。”他耸了耸肩，又指着正在热烈喝彩的观众说道：“但是，我们俩反对又有什么用呢？”观众中顿时爆发出更为热烈的掌声。

面对无礼者的言语攻击，萧伯纳并没有正面回应，而是巧装糊涂，忍受了对方的攻击。而且，无论萧伯纳回答对方时是温文尔雅的举动，还是那半开玩笑的言辞，都显示出一种修养和风度。

里根就任美国总统之后，有一次到加拿大访问。当时有许多在场的反美示威的群众，里根的演讲不断被反美示威的声音打断，加拿大总理特鲁多显得很不自在，似乎自己在攻击美国总统一样。没想到，里根却笑着说：“这种事情在美国经常发生，我想这些人一定是特意从美国赶到贵国的，他们想让我有一种宾至如归的感觉。”里根这句装糊涂的话，让特鲁多立即眉开眼笑，原来美国总统并没有在意本国民众进行反美示威的行为。一时间，加拿

大总理对这位心胸宽广的美国总统更是敬佩。

巧装糊涂,不仅能摆脱自己的尴尬处境,同时也能给对方轻松感,从而使气氛变得更加和谐,更有利于沟通。装糊涂的幽默和平和的人生态度是生活中不可或缺的元素。一个人是否懂得忍耐,也是对他的一种观念、一种素质、一种能力的检验。适时忍耐,不仅可以给人们带来轻松的笑意和愉悦的心情,还可以帮人化解危机,应付窘境,以更轻松、包容的心态看待人生。

木秀于林,风必摧之,当人们看到比自己优秀的人时,他们总会感到危险,因为如果我们的能力太强,就会让别人觉得自己将要失去表现的机会。在这样的情势下,他们难免会对你说几句刺耳的话语,对你保持戒心。在这时,如果我们巧装糊涂,随口说几句话就搪塞过去,那肯定会化解对方心中的敌意。如果我们表现得很强势和直接,那双方可能会交火。在这种情况下,我们唯有装傻充愣,才能保护自己,避免让自己处于危险的人际关系中。

求同存异,不必非争出高下

古人曰:“人有才能,未必损我之才能;人有声名,未必压我之声名;人有富贵,未必防我之富贵;人不胜我,固可以相安;人或胜我,并非夺我所有,操心毁誉,必得自己所欲而后已,于汝安乎?”在生活中,两个人才能不分伯仲,那是常有的事情,对于这样的情况,我们需要忍耐,竭力求同存异,而不是非要争出高低才罢休。俗话说:“两虎相争,必有一伤。”争斗的结果必定是存在伤亡的,甚至两败俱伤,这样的结果是任何人都不想看到的。因此,为了避免这样的场景发生,我们应该学会忍耐,以包容的心态接纳那些跟我们能力相当的人,或者说敬仰那些比我们更优秀的人。对于彼此的意见和想法,需要求同存异,致力于达成统一的意见,这才是忍耐的智慧。

在生活中,那些不能忍受求同存异、一定要争出高下的人,其实是源于其内心的嫉妒。嫉妒，就是毒害纯洁感情的毒药，是吞噬善良心灵的猛兽，是丑化面容的黑斑。究其根源，源于自己心中的狭隘与不自信。其实，仅仅因为别人比自己优秀，就想与之比较，心生嫉妒，那是一种无能的表现，是因为自己不能达到对方的高度，不能获得对方的荣誉，只好用嫉妒心理来维护自己的自尊。由于内心的狭隘，不自信，不懂得忍耐，所以人们才会产生嫉妒之心，以至于想要跟别人比高低，争出个结果，以此展现自己比他人更优秀。殊不知，心理越是狭隘的人，他们越会在比较中处于下风，眼看着别人比自己优秀，心里那种怨恨在纠缠，最终郁郁不得志。虽然，每个人都有嫉妒之心，但如果这样的心理疾病不能及时根除，嫉妒就会越来越紧地束缚我们的内心，让我们的心灵透不过气来。

在《三国演义》里，有众人皆知的诸葛亮三气周瑜的故事：

赤壁之战结束后，孙刘两家均欲取荆襄之地，如此一来，才能全据长江之险，与曹操抗衡。刘备屯兵在油江口，周瑜知道刘备有夺取荆州的意思，便亲自赶赴油江与刘备谈判。谈判之前，刘备心中忧虑，孔明宽慰说："尽着周瑜去厮杀，早晚让主公在南郡城中高坐。"后来，周瑜在攻打南郡时付出了惨重的代价，不仅吃了败仗，而且自己还身中毒箭，不过，周瑜还是将曹仁击败。可是，当周瑜来到南郡城下，却发现城池已经被孔明袭取，周瑜心中十分生气："不杀诸葛村夫，怎息我心中怨气！"

周瑜一直想夺回荆州，先后与刘备谈判均无好的结果，这时，刘备夫人去世。周瑜便鼓动孙权用嫁妹之计将刘备诱往东吴而谋杀之，继而夺取荆州。没想到此计又被诸葛亮识破，将计就计让刘备与吴侯之妹成了亲。到了年终，刘备以孔明之计携夫人几经周折离开东吴，周瑜亲自带兵追赶，却被云长、黄忠、魏延等将追得无路可走。顿时，蜀军齐声大喊："周郎妙计安天下，赔了夫人又折兵！"这次，周瑜气得差点昏厥过去。

过了一段时间，周瑜被任命为南郡太守。为了夺取荆州，周瑜设下了"假途灭虢"之计，名为替刘备收川，其实是夺荆州，不想再次被孔明识破。

周瑜上岸后不久，就有大陆人马杀过来，言道“活捉周瑜”，周瑜气得箭疮再次迸裂，昏沉将死，临死前还长叹：“既生瑜，何生亮！”

莎士比亚说：“您要留心嫉妒啊，那是一个绿眼的妖魔！”周瑜本聪明过人，才智超群，但却心胸狭隘，不懂得忍耐，对于比自己技高一筹的诸葛亮耿耿于怀，心生嫉妒，最终落得个气绝身亡，怀恨而死。既然两人的智谋不相上下，那就应该求同存异，以宽阔的胸怀包容对方的优秀。心怀不满，甚至嫉妒都是一种心理病态，宛如毒药，周瑜被嫉妒的心态所缠绕，最后，无疑自饮毒酒。他因心胸狭隘，不懂忍耐而死。我们不难发现，嫉妒之源来自于两方面，一是心胸狭窄、狭隘；二是不懂得忍耐。试想，如果周瑜能够心胸开阔，懂得忍耐，并对自己充满自信，他也不会英年早逝。

当然，想与他人一较高低的行为与心态都是有等级性的，也就是说，只有处于同一竞争领域的两个竞争者才会有这样的心理和行为。通常情况下，他们只会对那些与自己处于同一个竞争领域的、比自己优秀的人产生不满，而不会对与自己不在同一个领域的人产生嫉妒。周瑜非要与诸葛亮争个高低，也是因为诸葛亮与自己处在同一个领域，而且他始终忍不了诸葛亮比自己强，但他不会去想与另一个领域的，比如与曹操、孙权一较高低。

曹丕忌曹植，终留下了把柄：“煮豆燃豆萁，豆在釜中泣。本是同根生，相煎何太急。”对自己的不自信以及内心的狭隘，往往会使我们的好胜心愈加严重，若不及时抽身而出，反而会被这种纠缠的心理所吞噬。争强好胜的人自私而狭隘，他们往往自大，总想高人一等，容不下比自己强的人，看到身边的人超过自己，不是设法贬低对方，就是想办法与之一较高下。人生在世，我们更需要求同存异，学会正视自己，扬长避短，学会忍耐，以豁达、洒脱的心态走出广阔的天地。

以德报怨，拓宽你的人生境界

忍耐是一种以德报怨的宽容，维克多·雨果曾说："最高贵的复仇是宽容。"实际上，忍耐也是最高雅有力的"惩罚"，惩罚的前提是自己受到了侵犯，而对侵犯自己的人，如果你想要惩罚对方，方法可能会很多，最直接的就是恶语相向、以牙还牙，当然，这都是那些不懂得忍耐的人所采用的方法。富于大智慧的人，他们会选择忍耐，以德报怨，宽容那些侵犯自己的人，你在宽容他们的同时，也让他们背上了道德的枷锁，甚至以德报怨的大度反而会感动他，这样的惩罚自然算得上是高雅有力的。忍耐就是荆棘丛中长出来的一抹最高雅的淡红，你对别人的过错宽容一点，实际上就是给自己留下一片海阔天空。以德报怨的忍耐是一种高雅的修养，更是一种崇高的境界，以宽阔的胸怀去包容对方的过错，对于我们而言并不容易，但也不困难，主要看自己的心灵如何选择。佛经言："一念境转。"如果我们选择了仇恨，那有可能以后的余生都在黑暗里度过，因为我们会时刻想着如何去惩罚对方，内心就会变得沉重，压抑而沉闷，人生对于我们而言，会越走越狭窄，最终闯入一个死胡同。相反，若是选择了以德报怨，懂得忍耐，放下心中的愤怒和仇恨，给对方一个宽容的怀抱，那我们将收获一份心灵的感动，同时，也拓宽了我们的人生境界。

迈克尔是约翰逊的朋友。一天，他正走得好好的，边走边把竹条缠绕在身上玩，一不小心，竹条的一端脱了手，当时，迈克尔正在木桥边，正对着大门，农民罗宾逊的儿子在那里放了一罐水，准备挑回家。正巧，迈克尔的竹条弹回来把水罐打翻了，但是，罐子并没有破碎。迈克尔急忙赔礼道歉，谁知道，罗宾逊的儿子跑过来就开骂，丝毫不理会迈克尔的解释，突然，罗宾逊的儿子抓住了迈克尔的竹条，将父亲送给自己的漂亮竹条折扭了。

这竹条是父亲送给自己的，如今扭成了这样子，迈克尔十分生气，满脸通红，不停地咕哝着："我一定要报复他，我要他从心底感到后悔。"约翰逊正好从那里经过，他好奇地问道："谁？你要报复谁呀？"迈克尔抬头一看，见是自己的好朋友，便笑了起来，把自己的遭遇完整地讲述了一遍。听了迈克尔的"发泄"，约翰逊笑着说："他的确是个坏孩子，但是，他已经受到了足够的惩罚，没有人喜欢他，他几乎没有什么朋友，也没有什么娱乐，这就是对他的惩罚，也足够你对他的报复了。"迈克尔却执意说："那竹条可是父亲送我的礼物，那么漂亮的竹条，我只是无意间打翻了他的罐子，我一定要报复他。"

约翰逊无奈地说："好吧，迈克尔，不过我认为你不要理会他会更好些，因为轻视就是你对他最大的报复了。"说完，约翰逊想起来一个笑话："有一次，罗宾逊的儿子看到了一只蜜蜂在花丛中飞来飞去，就想把它抓住再揪掉它的翅膀。可是，他很倒霉，蜜蜂蛰了他一下，然后又安全地飞进了蜂巢，他被疼痛激怒了，就像你现在这样，他发誓要报仇。于是，他找来了一根棍子，朝蜂巢捅了几下，顿时，一群蜜蜂飞了出来，向他扑去，蛰得他浑身上下都是伤痕。你看，这样的报复并不会得到最后的胜利，所以，我劝你不要计较他的鲁莽，他就是个坏孩子，比你厉害多了。"

听了约翰逊讲的故事，迈克尔点点头："你的建议的确不错，那么跟我一起到父亲那儿去吧，我想告诉他事情的真相，相信他不会生气。"迈克尔将事情的真相告诉了父亲，父亲十分感谢约翰逊给儿子的忠告。

过了几天，迈克尔又碰到了罗宾逊的儿子，他正挑着一担重重的木柴朝家里走，结果，不小心跌在了地上，爬不起来。迈克尔跑过去帮他捡起了木柴，小罗宾逊感到十分愧疚，心里难受极了，为自己以前的行为感到后悔。而迈克尔则高高兴兴地回家去了，他想："以德报怨才是最绅士的报复，对此，我怎么可能感到后悔呢？"

生活中，对于他人无意或有意犯下的过错，我们要以德报怨，学会谅解，放下心中的愤怒和仇恨，给予对方一个宽容的拥抱。仇恨和报复，只会让我们获得一种暂时的快感，而之后的日子中，我们都将在悔恨和内疚中度过，因为我们内心的良知在不断地谴责我们，以至于我们永远地背上了道德的枷锁。但我们若是懂得忍耐，学会宽容，以德报怨，我们的余生就不会在悔恨中度过，人生的道路反而会越走越宽阔。

以德报怨的忍耐是一种美德，如果我们不能以善良、忍耐和宽容的心情来包容这个世界，那这个世界将永远是忧伤和哀叹的，而快乐与幸福将远离我们而去。以德报怨的忍耐到底是什么呢？当一只脚踩到了紫罗兰的花瓣上，而我们的鞋底却保留着花的香味，这就是以德报怨的最好诠释。那些不懂得忍耐、宽容的人，也不配得到别人的宽容。如果我们想得到别人的宽容与忍耐，就需要先宽容对方。换言之，以德报怨是相互的，不仅恩惠了别人，还提升了自己。

不要当众否认他人，尝试私下沟通

虽然，当众否认他人可以表明自己是一个直率的人，但往往会令人处于尴尬的境地。在这种情况下，没有人会领你的情，很可能你会成为不受欢迎的人。因为这对别人来说是一种伤害，若是换个角度，如果你是被当众否认的那一位，你会作何感想呢？因此，当你率直地当众否认一个人，不仅得不到好的效果，还会造成很大的伤害，你指责他人不但伤害了他人的自尊，反而使自己成为不受欢迎的人。对于别人的错误，我们可能都没有办法做到稳如泰山的静观其变，通常会忍耐不住在大庭广众之下就指责别人的缺点和错误，当众否定对方。但事实上，我们应该明白，一旦自己和他人发生了冲突，当对方已经知道自己错了，如果你还当众对其言行进行否定，那一定会将事情扩大，甚至会为彼此之间的关系蒙上阴影。反之，如果我们用温和的方式低调处理，尝试着私下交流，那对方一定会认真改正，心怀内疚，并对

你心存感激。所以，在任何时候，都不要当众否认他人，而是尝试私下进行沟通，这样不论是对自己，还是对他人都有很处。

实际上，在公众场合被人否定，这对于任何人来说，都是一件令人难为情的事情。当着那么多人的面，更会让人感到尴尬，甚至受到伤害。每个人都是有自尊心的，被当众否定并不是什么光彩的事情，当着众人的面被指责或批评，更会让被批评者颜面扫地。当然，在公众场合，你若发现对方出现了错误，暂时可以不动声色，而是尝试着私下再交流。如果在当时你直截了当地说他错了，他非但不会感激你，反而会对你产生反感。看别人不顺眼，当众就指出别人的错误，其实是自己的修养不够。一味地挖苦和指责别人，并不能抬高自己，反而会让自己显得乏味，甚至会伤害到自己。人活一生，以尊严立于世，每一个人都有自己的尊严，一个人的人格尊严是神圣不可侵犯的。因此，我们不能试图去揭人之短，尤其是当众揭人之短，做侮辱他人，或让他人有失人格尊严的事情。这样即便是他当时不予还击，但事后他还是会记恨你一辈子，甚至你也会为你的口无遮拦付出沉重的代价。

一位巡查工作的经理在进行质量检查时，对站在旁边的车间主任咆哮："看看你都让下属干了些什么？这种劣等的产品怎么可以出现在我们的流水线上？你这个车间主任一天到底在干什么？如果你再这么干，你就准备卷铺盖走人吧！"

经理这样的批评方式，不仅仅是当面给车间主任难堪，当着下属的面颜面尽失，而且也会让在场的每一位普通员工感到困惑和不安。他们心里也许会认为，下一个挨骂的人应该就是自己了。尽管出了劣等的产品，对公司来说是一个非常重要的问题，但是像经理这样不顾场合就开始骂人，只会加重事情的后果。最好的办法是：经理私下找到车间主任进行讨论，那样不仅可以更好地解决问题，还能够维护车间主任的面子。

包布·胡佛是一位著名的试飞员，并且常常在航空展览中作飞行表演。一天，他在圣地亚哥航空展览中表演完毕后飞回洛杉矶。正如《飞行》杂志中所描写的，在空中300米的高度，两个引擎突然熄火。由于技术熟练，他操纵了飞机着陆，但是飞机严重损坏，所幸的是没有人受伤。

在迫降之后，胡佛的第一个行动是检查飞机的燃料。正如他所预料的，他所驾驶的第二次世界大战时的螺旋桨飞机，居然装的是喷气机燃料而不是汽油。回到机场后，他要求见见为他保养飞机的机械师。那位年轻的机械师为所犯的错误极为难过。当胡佛走向他时，他正泪流满面。他造成了一架非常昂贵的飞机的损失，差一点还使3个人失去了生命。

你可以想象胡佛必然大为震怒，并且预料这位极有荣誉心、事事要求精确的飞行员必然会当场痛斥机械师的疏忽。但是，胡佛并没有责骂那位机械师，甚至没有当场批评他。相反地，在后来休息时，包布·胡佛拍着那个机械师的肩膀，对他说："为了表示我相信你不会再犯错误，我要你明天再为我保养飞机。"

在生活中，许多不懂得忍耐的人，他们往往会凭借一时愤怒而当众责备他人，他们自以为这是在帮助别人改正错误，实际上他们想错了。当你再次当着众人的面否定别人，那其实是强化错误本身，你让当事者失去了尊严，将本来一件微不足道的小事情渲染得像西瓜那样大，并借此将其全盘否定，因为不懂得忍耐，他们将一切都推向极端，最终酿成大祸。

在生活中，不管我们处于什么样的职位，对他人的批评和指责都是需要讲究场合的。如果你在指责他人时，不注意场合，随便把只能私下找本人谈的问题拿到大会上去说，那就会使其颜面丢尽，激起对方内心的愤恨，不利于问题的解决。对此，我们在向他人提出意见或指责时，切忌当众进行，否则，他会以为你是故意让他在公众场合丢脸，出他的丑，让他难堪，这样一不小心，就会引起对方的公开反击，有时候还会因为你不顾场合的指责而引发一场激烈的争吵，结果双方都受到了伤害。

学会用你的耐性去感化他人

天空可以收容每一片云彩,不管其美丑,所以,天空变得广阔无比;高山可以收容每一块岩石,不论其大小,所以,高山变得雄伟壮观。在人的一生中,总会有烦恼和困惑,但若是斤斤计较,那我们只能整天活在苦闷里。要想活得潇洒、从容,我们应该掌握耐心的艺术,以自己的耐性去感化他人。如果我们缺乏了耐性,那生命就会被无休止的仇恨和报复所支配着,人将处于无道德之中。容忍他人,就等于解脱了自己,为什么不尝试着这样去做呢?唐太宗以耐性对待魏徽,成就了“贞观之治”的盛世;鲍叔牙以耐心对待管仲,成就了“九合诸侯,一匡天下”的壮举;蔺相如以耐性感化了廉颇,成就了一段“将相和”的千古佳话。当我们在展示自己耐性的同时,其实也提升了自己的思想境界,这本身就是一种心灵的修炼。在这个世界上,没有不长杂草的花园,对人对事,我们都应该学会以耐性去感化之,这样我们才能真正地学会忍耐。

有一天,七里禅师正在蒲团上打坐,突然,一个强盗闯进来,拿着一把又明又亮的刀子对着他的脊背,说:“把柜里的钱全部拿出来!否则,就要你的老命!”七里禅师缓缓说道:“钱在抽屉里,柜里没钱,你自己拿去,但要留点,米已经吃光,不留点,明天我要挨饿呢!”那个强盗拿走了所有的钱,在临出门的时候,七里禅师说:“收到人家的东西,应该说声谢谢啊!”强盗转过身,说:“谢谢。”霎时间,他心里十分慌乱,几乎从来没有遇到过这样的事情,这使他失去了意识,愣了一下,才想起不该把全部的钱拿走,于是,他掏出一把钱放回抽屉。

没过多久,这个强盗被官府捉住,根据他所提供的供词,差役把他押到七里禅师的寺庙去见七里禅师。差役问道:“几天之前,这个强盗来这里抢过钱吗?”七里禅师微微一笑,说道:“他没有抢我的钱,是我给他的,临走时

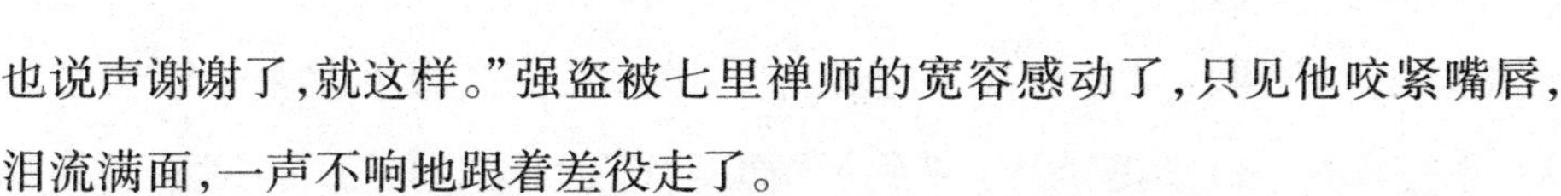

也说声谢谢了，就这样。”强盗被七里禅师的宽容感动了，只见他咬紧嘴唇，泪流满面，一声不响地跟着差役走了。

这个人在服刑期满之后，便立刻去叩见七里禅师，求禅师收他为弟子，七里禅师不答应。这个人长跪三日，七里禅师终于收留了他。

即使面对抢掠的强盗，七里禅师也没有说任何指责、辱骂的话，反而以耐性感化了他。当差役问道“这个强盗来这里抢过钱吗”？七里禅师只是说“他没有抢我的钱，是我给他的，临走时还说了声谢谢”。听了这样的话，有了这样的宽容与耐性，再凶狠、再无药可救的强盗也流泪了，他终于醒悟了。在服刑期满以后，他去叩见七里禅师，长跪三日，七里禅师终于答应收留了他。耐性的魅力，令浪子回头。

埃德蒙是一位小提琴教师。一天中午，埃德蒙听见楼上卧室有轻微的响声，那是小提琴的声音。有小偷？埃德蒙心里冒出这个念头，他冲上楼，果然看见一个陌生的少年正在摆弄自己心爱的小提琴。那少年头发蓬乱，在大外套里好像塞了一些东西，埃德蒙认定这就是一个小偷，他用自己结实的身体挡住了门口。这时，埃德蒙先生看见少年眼里满是胆怯和绝望，那是一种熟悉的眼神，那一瞬间，埃德蒙想起了自己少年的那些岁月，于是，微笑代替了愤怒，他决定以耐性感化这个孩子。

埃德蒙笑着问道：“你是丹尼尔先生的外甥吗？我是他的管家，前两天，丹尼尔先生特别嘱咐我说你要来，没想到你这么快就来了。”少年先一愣，但很快就回答说：“我舅舅出门了吗？我想出去走走，一会儿再回来。”埃德蒙点点头，少年正准备放下小提琴，埃德蒙好奇地问道：“你也喜欢小提琴吗？”少年低下头说：“是的，但是拉得不好。”埃德蒙先生笑了，说：“那为什么不拿着琴去练习一下呢？我想丹尼尔先生一定很高兴听到你的琴声。”少年想了想，还是拿起了小提琴。

3 年过去了，在一次音乐大赛中，埃德蒙先生被邀请担任决赛评委。音乐决赛进行到最后，一位名叫里特的小提琴选手夺得了第一名，在评判时，

埃德蒙先生觉得自己好像在哪里见过，但是，又实在想不起来。颁奖结束后，里特拿着一只小提琴匣子来到了埃德蒙先生面前，涨红了脸问道："埃德蒙先生，您还认识我吗？"埃德蒙摇摇头，里特眼里似乎有泪："您曾经送我一把小提琴，我一直珍藏，直到有了今天！那时候，几乎每一个人都把我当成垃圾，我也以为自己彻底完了，但是，您让我在贫穷和苦难中重新拾起了自尊，今天，我可以无愧地将这把小提琴还给您了……"里特打开了琴匣，埃德蒙先生一眼就认出了自己那把久违的小提琴，原来里特就是"丹尼尔的外甥"，他上前紧紧地搂住了里特，因为这位少年并没有让自己失望。

耐性有时候就是原谅，因为相比较辱骂，原谅这样的耐性更让一个人醒悟与进步。在生活中，面对他人有意或无意造成的错误，如果我们总是愤怒或生气地指责对方，反而会让对方产生受伤的感觉，在他心里，第一感觉不是认识到了自己的错误，而是感到自尊受到了伤害。这样我们并没有达到自己的目的，他或许并没有意识到自己错了，而是怀着对你的仇恨。而耐性则不一样，你的耐性可以让一个人清楚地意识到自己的错误，同时，还会心存感激，面对他人的错误，耐性比挑剔、指责更受用。

下篇 放下是豁达人生的智慧

人，最难解的是心结。只要解开心结，眼前便是一番新天地。其实，宽容是一种放下的智慧，放下即宽容。一个人，能容忍别人的固执己见、自以为是、傲慢无礼、狂妄无知，却很难容忍他人对自己的恶意诽谤和致命伤害。但唯有以德报怨，把伤害留给自己，让世界少一些不幸，回归温馨、仁慈、友善与祥和，才是放下的至高境界。

第七章

放下是宽仁大度的胸怀——善念于心，豁达为人

中国人常说："宰相肚里能撑船。"其实，生活中，人与人之间的矛盾与分歧，大多数并非原则性的问题，你对人宽容，归根到底，就是对自己的宽容。鸭肚鸡肠，你不放过别人，到头来也就是跟自己过不去。

放下好胜心,输赢是常事

自古以来,以输赢论英雄,可谓深入人心,争赢求胜是人类的天性,但我们要问:何谓输赢?输者真的输了吗?赢者真的赢了吗?成败是相对而言的,输赢只是一时,世事如梦,人生短暂,所有争斗相比的人都以打个平局而结束游戏。其实,有时,我们一心争赢,赢了反而输了,不信,试着放下输赢,你反而赢了。因为争强好胜让你赢得了斗争,却让你失去了朋友;而放下好胜心,即使你输了争斗,你却赢得了友谊。宽容大度的人总是用人格魅力征服他人。

古时,陈嚣与纪伯做邻居,纪伯在夜里偷偷地把陈嚣家的篱笆拔起来往后挪了挪。陈嚣发现后心想,你不就是想扩大点地盘吗?我满足你,等纪伯走后,他又把篱笆往后挪了一丈。天亮后,他看到自家的地又多出许多,他没料到,陈嚣不但没有和自己计较争地之事,还如此宽容照顾,主动让出土地,内心因此感到十分羞愧。于是,纪伯不但把侵占的地全部归还给陈嚣,还将篱笆向自己这边挪了一丈,以此感念陈嚣的宽宏大量。当时的周太守得知此事后,也非常敬佩陈嚣的品德,于是用石刻上“义里”二字,借此来表扬陈嚣。

“陈嚣让地”成为人们津津乐道的故事。宽容他人,并不是怯懦胆小,而是一种放下的智慧,有道是:“饶人不是痴汉,痴汉不会饶人。”能宽容他人,体谅他人,不争强好胜与之计较,他人也会发自内心地感到温暖,不但避免了冲突,对方还因此产生羞愧之心,改过向善。然而,可能有人觉得,人不能太过善良,不能事事都让着他人。其实,真正能宽容待人,善待他人,不但自己免于陷入与人争斗的苦恼中,无形中,还结下许多善缘,帮助自己化解灾难。

明代王琦在《寓圃杂记》中，记述了杨翥的两件小事，不仅令人感动，也让我们有所领悟。

杨翥在做修撰时，住到京城里。一天，他的邻居丢了一只鸡，因杨翥搬去不久，便怀疑鸡是杨家偷的。于是，邻人便大声指骂鸡被姓杨的偷去了，还在那儿叫嚷不止。家人听到，心里很不痛快，明明没有偷鸡，却被邻人如此奚落，于是告知了杨翥。谁知，杨翥听后并不动怒，只是平静地说："天下不只我一家姓杨，随他骂去。"

又有另一位邻居，每逢下雨天，便故意将自家院中的积水排放进杨家，使杨家深受脏污潮湿之苦。家人气恼不过，又告知杨翥，杨翥仍心平气和地劝解家人道："总是晴天的日子多，下雨的日子少啊！"

久而久之，邻居们见杨翥事事谦让，待人谦和，还能受辱不怨，都被杨翥那宽容仁厚的心深深感动了。有一年，有一伙贼人密谋着要抢劫杨家，当邻人们得知此事后，竟主动组织起来，轮流到杨家守夜防贼，从而免除了杨家的一场灾祸，实在是令人感动。

杨翥的宽容忍让，不但没有一直被人欺负，还受到邻人的倾心相助，这难道不是杨翥的宽容谦让、为他及家人带来的安稳之福吗？

当今社会，每个角落里都散发着竞争带来的紧张气氛。人们比吃、比喝、比穿、比住……总之，凡是一切与人相关的都要比。相比之后，优胜者就会有一种荣誉感，会得意扬扬、傲气十足；失败者则会有一种羞耻感，自以为在众人面前抬不起头来，这样无疑就加重了自己的心理负担。于是，人与人之间的矛盾、冲突便无形中加大。

老子说："夫唯不争，故天下莫能与之争。"真正的赢家就是那些放下好胜心的人。少点好胜心、宽容待人，他人自然会受到感动，从而以同样的爱心回报。反之，不能宽容的人，内心常有不平，甚至是埋怨、愤恨。由此，更易与人产生敌对或冲突。当心胸不够开阔，内心的烦恼也会比较多，别人不以为是烦恼的，自己也觉得是烦恼。生活中常与人有矛盾，那么在自己遇到

困难时,别人也不会伸手相助。如此,人生就多出了许多障碍。而愿意和气对人、宽容待人,不仅避免了吵闹、争斗之苦,其宽阔的胸怀,也会让自己的生活更愉快,心情更开朗。

好胜就是一种执念,闲暇时间,你不妨思考一下,你是不是因为总希望在同事间脱颖而出而失去了很好的搭档?你是不是因为非要与同学争个对错而闹得不欢而散?世界上本来就没有谁是天生的赢家,自我反省本是一件好事,可如果过分看重结果,看重理想与现实的落差,这种反省不但不利于自我调整,反而成了一种变相的自我折磨,使自己情绪低落,阻碍了自我的发展。

法国思想家卢梭曾经说过一句名言:人之所以犯错误,不是因为他们不懂,而是因为他们自以为什么都懂!喜欢争强好胜。

可见,争赢争输都是输,放下输赢才是赢。因为放不下输赢,所以在人生的关键时刻一败涂地。你能放下输赢,就能平安自在。不计较暂时的吃亏和无关紧要的输赢,是至高的智慧和境界。

放下一己私利,路会越走越宽

生活中,我们常常听人说:"人不为己,天诛地灭。"这句话强调的是人们应该为谋取一己私利而使出浑身解数。的确,在我们周围,有这样一些人,他们将自己伪装起来,想方设法地要置自己的竞争对手于死地,在残酷的竞争中,他们变得心硬了,心冷了,变得残酷了,无情了,冷漠了。亲情、友情、爱情,对于他们来说,一切与"情"字沾边的东西和一己私利相比都轻如鸿毛,不值一提。其实,追求私利的最终后果是,他们失去了更多:他们的亲情淡漠了,友情变味了,生活迷茫……实际上,如果人们都能放下一己私利,厚待他人,那么,也就等于是善待自己,舍小利方能得大益。我们在为他人"预留利益”时，我们还会体会到比私利更温暖的人间真情。

在商业王国里，有各种各样的生意门道，但我们很难想象到，纽扣也会成为巨额利润的来源。的确，有这样一位富翁，他靠卖纽扣发家。他开的店既不气派，也不宽敞，但却非常有特色。他的店除了卖纽扣以外，其他东西都不卖。他的纽扣，不仅花色品种齐全，更为特别的是，有的女顾客一件漂亮的大衣上丢了一枚纽扣，纽扣店也会想尽办法配上后寄给顾客。久而久之，小小的纽扣店在偌大的一座城市里人人皆知、家喻户晓。

当人们问及这位富翁的经营之道时，他回答：“世上的钱是赚不完的，我每出售一枚纽扣，只赚几分几厘。至于别人，比方说来纽扣店大量进货的成衣铺赚顾客多少钱，我根本不去攀比，我更在意的是能‘赚’到多少顾客。”

可见，放下过多的物质欲望和私利，也是一门生意经。乍一看，这是与生意来自于利润这一原则相违背的，但本质上，为顾客考虑，多点关心，少点利益心，是“赚”到顾客的最根本方法。然而，生活中，很多小商人却不明白这样的道理，在交易场所，这样的例子是屡见不鲜的：买方和卖方为了一点小利讨价还价，争执不休，结果不欢而散，双方都无利可赚，这样就有悖经商之道。精明的小商人会爽快地与对方成交，宁肯让对方多占些利，他们更关注的是长远大计。

犹太人的经商之道是成功的，这主要是因为犹太人懂得放下私利能赢取人心的道理：一个人独资经营的情况下，不仅势单力薄，而且人力、才智匮乏，资金上也很难做到维持长久、快速增长。如果能找到可以长期合作的合伙人，就会增强公司的实力。虽然部分利益会分给合作伙伴，但较之无法持续经营的情况，实在是好太多了。

但是说起来容易，做起来难：某天早上，当你走进停车场，突然发现自己那黑光锃亮的车身上竟被拉开了一道长长的十分触目的划痕，你恼火不？你准备与朋友合开一家公司，竞争有多激烈！可是，在你最需同心协力的当口，有的“骨干”却带着关键客户、技术、人员“另立中央”了，你恼火不？其

实，人都有利己之心，面对诱惑、选择都会不自觉地趋利避害。一个“私”字让人间恩怨情仇纷生，一个“私”字让夫妻反目，让父子形同陌路，让朋友为敌。我们生活中的诸多忧愁烦恼皆因一个“私”字而生而起。曾经，某报纸刊登了一篇文章：

一个人装有 8 万元现金的书包挂在树上被风刮散了，结果满地是钱，许多人纷纷过来捡钱，捡完钱不是还给失主，而是放到了自己的腰包里。事后，失主很着急，而只有一个人把钱还给了失主，其他人都自己留着了。

不难想象，这些拿了他人钱财的人是无法安心的。如果他们能够换位思考，事情就不会到如此田地了。

我们都知道应该怎样做人，不过做人有一个很基本的原则，那就是做人不能太自私。不能只为自己的利益而不顾别人，要替别人着想。大多时候我们会认为，确保自己的利益、争取更多的回报是一个人能力的体现，也是成功的标志。然而，真正为人处世的大智慧却是学会吃亏。可以说，做人的可贵之处就在于乐于亏己。吃亏与放下一己私利在很多时候有异曲同工之妙。

古语有云：吃亏是福。老子也说：“少则得，洼则盈。”留出了容纳的空间，才能有容。月盈则亏，水满则溢。提前“吃亏”，可以确保日后不亏。就像古老的太极图中所展示的现象：平衡与和谐，是两条颜色相反的“鱼”相对，而不是一种颜色的圆满，这样才是“完美”的境界。所以，学会吃亏，就是要适应自然的法则，保持平衡，不求个人的圆满，经营让利的空间，才能自在地生活于世。

我们都知道，人活于世，最重要的莫过于生存。但并不是说，谁放弃了一点私利就不能生存。相反，有时候，我们的一点牺牲就能成全别人，会给我们带来亲情、友情，会让我们的生活变得更和谐、温馨。但是，生活在物质生活高度文明的现代人，是否更加舍不得放下一己之利呢？

总之，睿智的人懂得放下的智慧，他们淡泊名利，善于换位思考，更深谙吃亏是福的道理。如果你也能做到放下一己私利，多为他人考虑，那么，你就能行包容他人之举，让别人心存感激，你脚下的路也就越走越宽！

放下仇恨，也就拯救了自己

人类是这个世界上情感最为复杂的动物，与爱相伴相生的还有恨。仇恨是人类情感的毒素。我们看到，仇恨所产生的报复在这个世界上随处可见。因为仇恨，有些人嗜杀他人的生命；因为仇恨，亲人间反目成仇；因为仇恨，朋友间老死不相往来。仇恨的后果是危害社会，使人被伤害，同时自己也被伤害。仇恨吞噬着肉体和精神的健康。冤冤相报是我们所不愿看到的。看穿历史和现实的愤懑仇恨，我们发现，仇恨已是往事，何必执拗？放下它，不仅释放了别人，更释放了自己。而那些心怀仇恨的人与奸诈的人看似受不到别人伤害，但是“毒素”首先伤害的便是他们自己。

在古希腊神话中有这样一则故事：一行人随意去踢道边的小球，谁知这小玩意儿越踢越大，而这路人觉得蹊跷，不断地踢，最终这个小球居然不断膨胀，顶天立地，吓得此人畏惧不已。这时，雅典娜女神出现了，告诉他们，这个小球叫“仇恨”，如果你不去碰它，它会安然无事，如若它遇到不断的撞击就会加剧膨胀，一发而不可收。

仇恨的“小魔球”不是在你成长的路边，而是烙在了心中。每当你看到一件让你觉得可恨的事情，心中的“小魔球”就疯也似的膨胀，而每当它膨胀堵塞了你我心灵天空时，终会爆炸……

其实，大家都向往幸福。我们应该心存感激地生活。仇恨不会让你快乐，无疑，它是你感情上的累赘。而你所恨的人，也许对你曾经所造成的伤害也是无意的，仇恨使你产生报复的行为。反过来，被伤害的对方也会再次拿起反抗的武器，正所谓冤冤相报何时了？将心比心，你也知道恨一个人的

痛苦,何必要多一个人来痛苦呢?

因此,不要再执拗地将仇恨放在心里了,因为这会让你失去理智。是的,仇恨有什么意义呢?何不放下它,保留一个完美的结局,而非"两败俱伤"。当仇恨在我们心中化解时,会发现做人原来是这样轻松惬意,幸福心情是这样唾手可得,人生是这样美妙神奇。

我们再看下面一个故事:

法正是一位德高望重的老禅师,每年都有成千上万的人去请他解答疑问,或者拜他为师。这天,寺里来了几十个人,全是心中充满了仇恨而因此活得痛苦的人。他们跑来请法正禅师替他们想一个办法,消除心中的仇恨。

法正禅师听说他们的痛苦后,笑着对他们说:"我屋里有一堆铁饼,你们把自己所仇恨的人的名字一一写在纸条上,然后一个铁饼上贴一个名字,最后再将那些铁饼全都背起来!"大家不明就理,都按照法正禅师说的去做了。

于是那些仇恨少的人就背上了几块铁饼,而那些仇恨多的人则背起了十几块,甚至几十块铁饼。

一块铁饼有两斤重,背几十块铁饼就有上百斤重。仇恨多的人背着铁饼难受至极,一会儿就叫起来了:"禅师,能让我放下铁饼歇一歇吗?"法正禅师说:"你们感到很难受,是吧?你们背的岂止是铁饼,那是你们的仇恨,你们的仇恨你们可曾放下过?"大家不由得抱怨起来,私下小声说:"我们是来请他帮我们消除痛苦的,可他却让我们如此受罪,还说是什么有德的禅师呢,我看也不过如此!"

法正禅师虽然人老了,但是却耳聪目明,他听到了,一点也不生气,反而微笑着对大家说:"我让你们背铁饼,你们就对我仇恨起来了,可见你们的仇恨之心不小呀!你们越是恨我,我就越要你们背!"有人高声叫起来:"我看你是在想法子整我们,我不背了!"那个人说着当真就将身上的铁饼放下了。接着又有人将铁饼放下了。法正禅师见了,只笑不语。终于大部分人都撑不住了,一个个悄悄地将身上的铁饼取些出来扔了。法正禅师见了说:"你们大家都感到无比难受了，都放下吧！”大家一听立即就将铁饼放了下来，然后坐在地上休息。

法正禅师笑着说：“现在，你们感到很轻松，对吧？你们的仇恨就好像那些铁饼一样，你们一直把它背负着，因此就感到自己很难受很痛苦。如果你们像放下铁饼一样放弃自己的仇恨，你们也会如释重负，不再痛苦了！”大家听了不由得相视一笑，各自吐了一口气。

法正禅师接着说道：“你们背铁饼背了一会儿就感到痛苦，又怎能让仇恨背负一辈子呢？现在，你们心中还有仇恨吗？”大家笑着说：“没有了！你这办法真好，让我们不敢也不愿再在心里存半点仇恨了！”

正如法正禅师所说，仇恨是重负，一个人不肯放弃心中的仇恨，不能原谅别人，其实就是自己在仇恨自己，自己跟自己过不去，自己让自己受罪！仇恨越多的人，他活得越苦。一个人没有仇恨之心，他才能活得快乐！因此，从现在起，如果你心头有恨，不妨放下吧，你会发现，你就像卸下了一块大石头一样轻松。

可见，放下仇恨，也就拯救了自己，生活中的许多小摩擦、小误会、小睚眦更应该放下，如果你不喜欢在现实生活中遇到的同事、朋友、邻居、陌生人等，何不尝试一下放下你心中不愉快的想法和做法，与人为善，也就与己为善；与人方便，也即与己方便，或许你会因此活出自己的新天地。

不与争执，不伤感情

中国有句老话：“为别人留余地就是为自己留余地。”事实上的确如此，我们都是社会人，都要和周围的人打交道，难免产生分歧，但不管谁是谁非，“得罪”别人无论从哪个角度来说，都不是一件好事。此时，你一定要记住，永远不要与人争执，逞一时口舌之快，终究你赢不了什么。永远不要争执的

意思就是，不要和人针锋相对、斤斤计较……永远不要和人争执体现的是一种放下的智慧，是一种豁达的心胸、宽容的理念、做人的技巧、宽恕的美德……相反，处处爱和人争执是自私的表现，凡事应先站在别人的立场考虑双方的问题，然后作出反应和行动，是合适之举。

莎妮打算在参加同学聚会时，将丈夫介绍给自己的高中同学，但丈夫迟到了一个小时，而且只是向莎妮的同学简单打了个招呼，就匆匆离开了。等到聚会散场，莎妮强忍的怒火再也无法抑制，但她转念一想，争吵无济于事，于是，她换一种说法表达了自己的不满："你只是招呼一声就匆匆离开，真的很可惜，因为本来有很多关于你的话题要跟大家谈的。"看到妻子这样善解人意，丈夫诚恳地道了歉。

这里，妻子莎妮的做法是正确的，在遇到这种情况时，与其怒不可遏地指责他对你的朋友太不礼貌，还不如平心静气地对他晓之以理。而她如果指责丈夫："你总是这样目中无人！那些都是我5年没见面的死党，你怎么能对人家那么冷漠呢？"恐怕迎来的便是一场家庭战争。

的确，要征服一个人，靠的不是声音的大小。要征服一个人，就要给人留足面子，因为如果你不留余地地与人争论，损害了对方的面子，那么，纵使你在争论中胜利了，也只会让别人对你心有怨恨，由此他更坚信自己的观点。这与你原本的目的背道而驰了。其实，你大可以这样告诫自己，我本来的目的是想证实事实，帮助别人，本是好意，若是他都不想改正了，为什么还要让他不高兴呢？况且，如果真的是自己错了，聪明的人是不应该为自己的错误辩护的，只有傻瓜才会这么做。

宋朝时，有一位精通《易经》的大哲学家邵康节，他与当时的著名理学家程颢、程颐是表兄弟，同时和苏东坡有往来。但"二程"和苏东坡一向不睦。

邵康节病得很重时，"二程"弟兄在病榻前照顾。这时外面有人来探病，程氏兄弟问明来人是苏东坡后，就吩咐下去，不要让苏东坡进来。

躺在床上的邵康节，此时已经不能再说话了，他就举起一双手来，比成一个缺口的样子。程氏兄弟有点纳闷，不明白他做出的这个手势是什么意思。

不久，邵康节喘过一口气来，说："把眼前的路留宽一点，好让后来的人走走。"说完，他就咽气了。

邵康节的话是很有道理的，人活一世，真正的大智慧是懂得运用发展的眼光看问题，千万不要使自己的思维和言行沿着某一固定的方向发展，直到极端。因为事物是复杂多变的，任何人都不能凭着自己的主观臆断来判定事情的最终结果。的确，如果你是个做事都容易冲动的人，与人交恶，也很正常，但即使这种情况下，也不要口出恶言，更不要说出"情断义绝""势不两立"之类过激的话。不管谁对谁错，最好都闭口不言，以便他日狭路相逢还有个说话的"面子"。因为，俗话说得好："三十年河东，三十年河西。"在社会发展日新月异的当今时代，那些曾经和你为了小事争执不下的"敌人"，转眼间就可能成为你的商业伙伴，同事或者领导，人情世事的变化速度更快，社会生存的空间也变得越来越小，用不了"十年"，每个人的社会地位、人际关系、生存状况等就可能发生此消彼长的变化，人们相互间更是"低头不见抬头见"。如果把话说得太满、过绝、咄咄逼人，让对方下不来台，将来一旦发生了不利于自己的变化，就难有回旋的余地了。

永远不要与人争执，争执永远不能使对方信服于你，即使你赢了。"世人都很精明，你如何让人信服你并愿意支持你才是最重要的"，李嘉诚靠的就是这个精神成为万人景仰的财富巨人。心理学家建议，在开战前30秒，先问自己三个问题：一是究竟是什么让你生气？二是这件事情是否很糟糕，需要通过吵架来解决？三是吵架能解决问题吗？在回答完这3个问题后，你会发现，有些事情根本不值得争吵。

如何才能让对方折服呢？赞美、探讨、沟通、宽容等都可以帮你达到目的，唯独没有争辩，因为争辩意味着否定，对方只会离你越来越远，与你毫无裨益。大胆地鼓励、认真地赞美、坦率地探讨、心与心地沟通，这都是化干戈为玉帛的方法。

因此，放下争执吧，人都是以微笑、鼓励、赞美开头，都是以耐心、爱、助人为过程，永远都是以让人感受了你的激情而勃发为结果。

放下你的架子，平等对待他人

人都是社会的人，都生活在一定的社会群体中，都不可能做到“与世隔绝”。因此，在我们与人打交道时，不仅要考虑自己，还要考虑他人。每个人在任何时刻都不要忘记修炼自身魅力，而这魅力的增加有赖于品位修养的提高，智慧之人能够从内到外修饰自己，增强自己的气质，而处世智慧就是自身修养的一个很重要的部分。真正有智慧的人，在对待他人时都知道应该平等待人，放下自己的架子，即使是一个很不平凡的人。因为人们生而平等，每个人的人格也都是平等的，没有贵贱之分。对人不尊敬，首先就是对自己的不尊敬。

世界著名的文学家萧伯纳一次到苏联访问，在街头遇见一个聪明伶俐的小姑娘，就和她一起玩耍。离别时，萧伯纳对小姑娘说：“去告诉你妈妈，今天和你玩的是世界著名的萧伯纳。”不料，那个小姑娘竟学着萧伯纳的语气说：“你回去告诉你妈妈，今天和你玩的是苏联小姑娘卡嘉。”这件事给萧伯纳很大的震动，他感慨地说：“一个人无论他有多大的成就，他在人格上和任何人都是平等的。”

这是一个小故事，但却告诉我们，即使是世界文豪萧伯纳，在人格上也与一个小姑娘无界。的确，我们应该明白，要做到具有人格魅力，不论你有多大的成就，都应该放下架子平等待人。只有尊重别人，你才会获得对方同样的尊重。

在英国还有这样一个故事：

一次，女王维多利亚忙于接见王公，却把她的丈夫阿尔贝托冷落在一边。丈夫很生气，就悄悄回到卧室。许久有人敲门。丈夫问："谁？"回答："我是女王。"门没有开，女士又敲门。房内又问："谁？"女王和气地说："维多利亚。"可是门依然紧闭。女王气极，但想想还是要回去，于是再敲门，并委婉地回答："你的妻子。"结果，丈夫马上笑着打开了房门。

维多利亚女王是个很伟大的女性，可是她在丈夫面前只是一个妻子，她和她的丈夫是平等的。而当今社会很多人因为自己拿着高收入、拥有可以炫耀的资本，就自认为高人一等。面对他人，他们也总是摆出一副"上上人"的姿态，这样的人也很难获得别人的尊重。

她是一个外企的职员，收入颇丰，但她还是不满意自己的现状，总想着要重新去找一份工作，重新开始一种生活，她已经厌倦了这里的一切。同事关系紧张是一个因素。在公司她没有要好的女同事，也找不到人和她聊天。不知道是在一起时间长了，还是认为道不同不相为谋，她觉得她们世俗得可怜。对待身边的亲戚，她永远是敬而远之，永远是那种鄙视的眼神。对待周围所发生的一切，她也常常会嗤之以鼻……久而久之，她的这种做派招来了同事的疏远、主管的找碴儿，可她还是不愿意改变自己。但是最近发生的一件事终于让她明白，原来自己错了很久。

有一天，她和平常一样，穿着价值2000多元的真丝连衣裙出门准备上班，虽然她知道大家还是不欢迎她，可是她才不会在意这些，没必要和那些世俗的女人计较……正想着这些，忽然她惊叫了一声："啊——"因为环卫大妈的扫帚扫到了自己的裙子上，一个脏脏的印子落下了。今天还怎么上班？一想到到办公室会被人笑话，她便把所有的责怪发泄在了这位环卫大妈身上。"你是怎么扫地的，不会看着点啊？我的裙子很贵，还有，我怎么去上班？"一连串的话从她的口中冒出来。

"对不起，小姐，刚刚是你自己撞在了我的扫帚上的，不过我会赔的，要不我给您擦擦？"老人从口袋里掏出一块手绢正要给她擦，她下意识地往后一躲。

“别让你的脏手碰到我的衣服，越擦越脏。你赔？你怎么赔？就这样赔吗？”“我这里有300元，要不重新买一件吧，应该够了吧？这是我刚发的工资。”“300？我这衣服3000，像你这样的工作赔得起吗？你说怎么办吧。”老人真不知道怎么办了。这时候很多人围上来看热闹。她从人群中听到一些话：“这么漂亮的姑娘怎么这样啊，不就一件衣服，至于吗？”“是啊，即使是女王也不能对一个老人这样啊，况且好像还是个知识分子呢。”“人和人之间是平等的，职业也没有高低贵贱之分啊！”听到这些话后，她感觉脊梁骨被人戳了一下，趁着慌乱走了。

她是个美丽的白领，有着人人羡慕的职业，本应受到世人的尊敬和羡慕，可是她的行为却招来人们的愤慨和谴责。她觉得自己高人一等，因而瞧不起别人，不能给予别人适当的尊重，自然她也无法获得别人的尊重，反而让自己陷入尴尬的境地，最后难以收场。

人生智慧背囊里有一个秘诀，那就是待人接物要平易近人，温和谦逊。尊敬他人，就是尊敬你自己。不论你有多伟大，多成功，都应该放下架子，平等待人，这样你才会拥有别样的人格魅力，才会受到他人的尊敬和赞美。相反，如果你趾高气扬，不可一世，即使社会地位再高、事业再成功，你也会被人瞧不起，因为你在人格上已经失败了。所以，真正的智者知道如何对待身边的每一个人，知道用自己的人格魅力去征服别人。

人敬我一尺，我敬人一丈

“你敬我一尺，我敬你一丈”，这原本是在酒桌等社交场所常听到的一句话。的确，尊重别人是一种美德，受到别人尊重是一种幸福。但尊重是相互的，为了个人目的而不惜损害他人的利益，是一种不道德的不可取的行为。想要别人尊重你，首先你要尊重别人，不要把自己的快乐建立在别人的痛苦之上，尊重是做人最起码的准则。不知道尊重别人的人，是不会走得很远的。逞一时口舌之快，自私自利的人，是不会受到大家的欢迎与认可的。

“人敬我一尺，我敬人一丈。”不仅是中国人的美德，还有很多故事，其中，在民间就流传着一则关于唐伯虎的故事：

一天，唐伯虎游玩到西湖之时，已经又累又饿的他，便在西湖边某酒楼里吃了一顿午饭，但当他找来店小二准备结账时，发现身上的钱袋居然丢了。唐伯虎当时就急出一脑门子汗，啪，打开手中扇紧摇慢扇……看到扇子他来了主意：“就凭我的画这把扇子怎么不抵几个酒钱？”没想到，店小二根本不认识唐伯虎，对他的纸扇更是不识货，还说老板不在，他做不了主。唐伯虎一听来了气：“嘿，我还就不信变不了现了！”他吆喝起来：“谁买扇？”

邻座有个很富态、一看就是一个富商的胖子一把拿过扇子，看了几眼说：“画的什么呀这是？现代不现代，前卫不前卫，一文不值。”随手扔在地上，唐伯虎此时已经相当郁闷。

一个知识分子模样的人在一旁实在看不下去了：人家没钱也不能欺负人嘛。便走过来捡起扇擦拭起来，他本意是打算接济一把这位差点沦为乞丐的食客。忽然他眼睛一亮：“哇，这不是唐伯虎的墨宝吗？”再看唐伯虎，他果真发现唐伯虎的气质与众不同，一派文人风范，器宇轩昂。这位知识分子激动而又景仰地向大家宣布：“女士们先生们朋友们，这位就是江南第一风流才子唐伯虎！”所有人都惊喜不已，又是抢着与唐伯虎搭讪，又是争购唐伯虎之扇。

自尊心得到极大满足的唐伯虎还拿上劲儿了：“这扇子我谁都不卖，只给他！”

受宠若惊的知识分子连忙笑着说，我这兜里只有10两银子，买不起买不起！唐伯虎说：“别，别，我还只收您5两，多了还不要。”

那富商一看这架势，肠子都悔青了。拉着唐伯虎又是赔不是又是请酒：“算我瞎了眼，您的画那是天下没有的精品，您原谅我有眼无珠，您喝，喝！”

把唐伯虎灌了个醉意蒙胧。酒酣之际，富商："唐大师将扇子卖给我得了，我多出价钱！高他200倍！"

唐伯虎酒醉人不醉，只说了两个字："没门！"富商恼羞成怒："你吃了我的，喝了我的，就白吃白喝啦?！"唐伯虎："是你请又不是我要吃，吃了不就白吃?"引得众人起哄不止。

此时，人群中又走出一位穿制服的干部模样的人，劝说唐伯虎："给我点面子，给我点面子！唐先生可知这位是谁？是本地四大款之一。跟您家老爷子拐弯远房亲戚沾亲呢。"

唐伯虎："哟！我还真不知道，既然如此，我就为您当场画一张吧。"

笔墨伺候，唐伯虎让他转身儿，在他后背上唰唰唰几笔完事，然后拉着那位知识分子大步离去。众人看画，更加痛笑不已。富商脱衣一看立马晕倒。

那上面留着唐伯虎的笔墨：王八。

人敬我一尺，我敬人一丈。唐伯虎的故事，给了我们一些敬与互敬的启发：互相敬重要平等，弱势的人也应当被敬重人格，不知道哪天哪会儿"我敬的人"会报"我"以更有意义的"回敬"。

总之，尊重别人不代表你的懦弱，蔑视别人也不能表示你的强悍。在人与人之间的交往中，需要理解、信任与尊重。人生本是一出戏，人与人之间原本也是一场场游戏，游戏自有游戏的规则，想要和谐相处，闯关成功，那必定要遵循这一场场游戏的规则，如果有人最先破坏了这一规则，那么必将在这场游戏中首先出局。其实尊重别人很容易，尊重了别人，别人也会尊重你，即使那个人是你不喜欢的，那么请你尊重他的语言，把他的话当成"话"来对待，受到帮助说声"谢谢"，做了错事说声"对不起"，尊重他人，其实也是尊重自己。为此，让我们都能拥有这种美德，让幸福之花处处开放吧！

第八章

放下是择善而行的才智——适时放手，以获大益

作为社会人，我们的人生道路都是自己走出来的，但摆在我们面前的，有时会有多种选项，需要我们作出决断。在这一决断的过程中，我们就应当在正确分析各种情况、权衡利弊的基础上及时作出取舍。有时候，你需要放下面子，以求机遇；有时候，你必须放下鱼或熊掌，贪心只会让你什么都抓不住；在错误的人生道路上走了太久，你也需要适时地放弃，重新选择……可以说，善于放弃是一种境界，是饱经人间沧桑之后对财富的一种感悟，是运筹帷幄、成竹在胸充满自信的一种流露。只有在了如指掌之后才会懂得放弃并善于放弃，只有在懂得并善于放弃之后才会敛集无尽的财富。

放下“面子”，才会有更多机遇

我们都知道，中国人最重视面子，面子就是尊严，伤什么不能伤面子。在很多人的心目中，面子是尊严的代名词。生活中，也有很多人，无论何时，都为自己做足面子：囊中羞涩却硬要强撑着，因为面子上过不去；生活困难也不求助，因为爱面子；不愿作为却勉强为之，为给面子……面子，实在太重要了。丢失了面子，就丢失了光荣，失去了光彩，低人一等，感到脸上无光，心中无味。面子问题真的这么重要吗？实际上，“要面子”并没有什么错，从某种程度看，它是人类的优点，这是知廉耻、动礼仪、求上进的表现，但如果“死要面子”，那么，就必然会走向极端，甚至会让你失去人生中的重要机遇。而那些智慧的人却能客观对待面子，在机遇面前，他们懂得舍小求大，放下了“面子”，从而为自己争取更大的利益。

自古至今，放不下面子的人比比皆是，为了所谓的面子，他们失去得更多。生活中，我们经常看到这样一些例子：一个人很爱面子，如果朋友来向他借钱，而偏偏自己却没有财力助人，但为了不被人看不起，于是，即使自己真的无能为力，他也会应允下来。实际上，这并不是真正的仗义，而是无能的表现，为了维护自己的尊严宁可让自己受罪或损失，只有这样才让人觉得很了不起，虚荣心也得到了很大的满足。再如，一些人盲目攀比，看到周围的人买房买车，而自己也小有积蓄，此时，他并不考虑自己的财政情况，而是为了脸面，买更好的房和车。又如，在生活中，一些人认为过俭朴的生活很没面子，特别是被别人看见了会大失颜面，所以很多人为了在别人面前摆阔气，总是大肆消费，铺张浪费之极，以赢取人们的眼光来获得属于他的“真正面子”。更有甚者，居然为了所谓的面子，失去了仅有的生存机会。我们先来看下面一则故事：

战国时期，在齐国有个叫黔敖的善人，总是行善好施。这年，齐国出现了严重的饥荒。于是，黔敖在路边准备好饭食，施舍给饥饿的人。

一天，有个饥饿的人很想接受黔敖的施舍，但却很爱面子。于是，他只好用袖子蒙着脸，无力地拖着脚步，莽撞地走来。黔敖看到这个人，就左手端着吃食，右手端着汤，对他说道："喂！来吃吧！"那个饥民扬眉抬眼看着他，说："我就是不愿吃嗟来之食，才落到这个地步。"黔敖追上前去向他道歉，他仍然不吃，结果活活饿死了。

"宁可饿死，也不受嗟来之食"，表面上看，这是有自尊心的表现，但实际上，这是典型的"死要面子活受罪"，如果没有了生命，又何来自尊呢？

的确，人们死要面子，是不愿承认个人力量的不足，而实际上，任何人都不是万能的，日常生活中，有太多事情，是你自己无法完成的，也有太多的事情，需要你放下面子，抓住机遇。假如你是一个下属，希望能升职加薪；假如你是一名病人，希望能找到一个医术高超的医生解除你的病痛；假如你还为工作发愁，希望能找到一份如意的工作；假如你急需一笔钱周转资金……这许许多多、大大小小的希望便构成了生活，为了抓住这些改变现状的机遇，你必须舍下面子。但很多人一提到这点便皱眉头，甚至羞于告人，觉得很没面子。他们对求人怀有一定的偏见，认为那一定是卑躬屈膝、低三下四的。其实不然，一个人要想在社会中生存得更好，就要懂得把握机遇，如果你为了所谓的面子而畏首畏尾，那么，你只能坐叹机遇不等人。

总之，人各有所长，也各有所短。以己之短，追慕他人所长，常常力所不及。所以应正确看待面子问题，在机遇来临前，懂得取舍，放下所谓的面子，从而为自己争取更多的机遇！

错误地坚持不如明智地放弃

一直以来，中国人都比较推崇坚持的精神，郑板桥的"咬定青山不放松，

任尔东西南北风"讴歌的便是执着、坚持精神。很多人认为,坚持就是胜利。其实不然,错误的坚持有时则是一种自欺。在这个世事难料的世界,种种的原因都可能会制约着其梦难圆,很多时候,当这条路行不通时,与其错误地坚持下去不如明智地选择放弃,然后另选一条捷径。

现实生活中,一些人在人生发展的道路上,却总是愿意一条道走到黑,他们浑浑噩噩地度过每一天,在错误的道路上越走越远,甚至在追逐已定目标的道路上逐渐迷失了自己。但如果你能准确地给自己定位,认清自己,看到自己的价值,然后懂得适时放弃错误的选择,那么,你就能充分挖掘自己的内在动力,再朝着正确的方向努力,你就会做回自己,充分发挥自己的潜能。

智者总是择善而行,懂得适时地放弃。坚持真理是人们所称颂的,但不辨是非、坚持错误的行为是愚蠢的。

从前,有一位神父游历到了一个小村庄,当他正在这个村庄的教堂里祈祷时,天空忽然下起了瓢泼大雨,洪水顿时席卷了这个小村庄,并一下子没到了他的膝盖。一个警察匆忙地赶到教堂,对神父说:"神父,请你赶快离开这儿吧!不然,你一定会被洪水冲走的!"但是,神父却坚定地说:"不,我不走!我坚信仁慈的上帝一定会来救我的,你先去救别人吧!"

过了一会儿,洪水没过了神父的胸口,神父只好勉强地站在祭坛上。这时,一个驾驶救生艇的救生员经过这里,看到神父便对他说:"神父,赶快上来吧,不然你一定会被淹死的!"神父还是执着地说道:"不,我要坚守着我的教堂,相信慈悲的上帝一定会将我从洪水之中救出去的。你赶快先去救别人吧!"

又过了不久,洪水把整个教堂都淹没了,神父只好死死地抓着教堂最顶端的十字架,在滚滚的洪水中坚持着。一架直升飞机缓缓地飞到了教堂上方。飞行员丢下悬梯,大喊道:"神父,快上来吧,这是最后的机会了,我们可不愿意看到你被洪水冲走!"神父依然意志坚定地说:"不,我要守住我的教堂！上帝绝对会来救我的。你去救其他人吧。上帝会永远与我同在！”

固执的神父最终也没有逃脱被滚滚洪水冲走的命运……

神父到了天堂，见到上帝后就生气地质问道：“主啊，我一生勤勤恳恳地侍奉您，信任您，为什么在我遇到危难时，您却不肯来救我呢？”上帝说：“我怎么不肯救你了？第一次，我派人劝你离开那危险的地方，可是你却坚决不肯；第二次，我派了一只救生艇去救你，但你还是一意孤行不肯离开；第三次，我以对待国宾的礼仪待你，又派了一架直升飞机去救你，结果你还是不愿意接受我的救助。于是，我也没有办法救你了。我想，你拒绝别人的救助，或许是因为急着要回到我的身边来，可以好好陪伴我吧，只好成全你啦。”神父顿时哑口无言。

这个故事告诉我们，错误的坚持是不可取的，在人生的旅途中经常会遇到许多分岔口，与其盲目地前行，不如在适当的时候停下来想一想，看一看，什么才是自己的需要，什么能使自己更快地走向成功。选择是人生成功道路上的必备路标，只有量力而行的明智选择才会拥有辉煌的成功，然而那些错误的坚持是要不得的。就像这位神父一样，本来有三次求生的机会，但是就因为他的错误坚持，最后把这些机会都放弃了。

与其错误地坚持下去不如明智地放弃，然后另选一条捷径。

关于如何投资这一点，美国股神巴菲特提出一条定律：在其他人都投了资的地方去投资，你是不会发财的。

巴菲特定律是有美国“股神”之称的巴菲特的至理名言，是他多年投资生涯的经验结晶。从 20 世纪 60 年代以廉价收购了濒临破产的伯克希尔公司开始，巴菲特创造了一个又一个投资神话。有人计算过，如果在 1956 年，你的祖父母给你 10000 美元，并要求你和巴菲特共同投资，如果你非常走运或者说很有远见，你的资金就会获得 27000 多倍的惊人回报，而同期的道琼斯工业股票平均价格指数仅仅上升了大约 11 倍。无怪乎有些人把伯克希尔股票称为“人们拼命想要得到的一件礼物”。在美国，伯克希尔公司的净资

产排名第五,位居美国在线—时代华纳、花旗集团、埃克森—美孚石油公司和维亚康姆公司之后。

巴菲特能取得如此疯狂的成就,得益于他自己所信奉的《圣经》,他不把投资的眼光都放在那些已经很热门的领域,而是找到市场空隙。无数投资人士的成功,无不或明或暗地遵从着这个定律。

坚持其实是追求卓越的一种优秀品格,但是,当出现在我们面前的是一座无法逾越的大山时,我们所需要的不是一条路走到黑的执着。这时,放弃这个错误坚持则更加重要,然后再作明智的选择,选择另一条路。因为天无绝人之路,上天在关掉一扇门的同时,也会为你再开一扇窗,所以对于错误的坚持要不得,我们需要的是灵活应变,而不是盲目地执着。

总之,对于那些错误的坚持该放手的时候就要明智地放手。对于一件没有结果的事情过于坚持是错误的坚持,明知道这是一条死胡同,却还要继续往前走,面对的也许只有痛苦与浪费时间。

鱼和熊掌,你放下哪一个

在生活中,我们会面临很多选择。有选择,自然就会有放弃。因为鱼与熊掌不可兼得。那么,哪个会被你忍痛割爱?人生旅途中,经常会遇到三岔路口,何去何从?

的确,很多时候,我们遇到的选项都是非常具有诱惑力的,但却不能同时拥有。在鱼与熊掌的选择中,我们往往会斤斤计较,患得患失,优柔寡断。由于在矛盾中停留太久,什么都想得到,最终却什么都没得到。

生活的辩证法就是如此。我们知道,有得就有失,有失也有得,得与失是矛盾的统一体。在鱼和熊掌不可兼得时,你必须有取有舍。取就必须舍,舍了才能取。例如,要成功就必须放弃享乐;选择家庭的同时就得放弃单身生活的很多自由空间；选择内心平静的同时，就得放弃对权力和金钱的角逐。

鱼和熊掌皆我之所爱，放弃鱼或熊掌当然都会很痛苦，但只有果断地放弃其中之一，才会得到、拥有其中之一。只有作出选择，才不至于什么都得不到。

在必须拿定主意的那一刻，你会犹豫彷徨、无所适从吗？关键处、紧要时，你能当机立断、正确选择吗？有这样两个很有趣的故事：

之一：一头驴子饥饿难耐之时，发现了两捆青草。这两捆青草一样大小，一样鲜嫩。驴子想："吃右边的吧，可是会失去左边的，可是要是吃左边的，没准儿右边的又会被人拿走。"就这样，驴子哪边的也舍不得，只好站在两捆青草中间进行着心理大战，直到眼睁睁地饿死在两捆青草中央。

之二：山谷中有一位仙子，她可以决定谷中的花开成什么颜色、什么样子。有一朵美丽的蓓蕾，是天之骄子，特别蒙受仙子青睐，仙子让她自行决定要开成什么颜色和什么模样。没想到那朵蓓蕾因为选择太多，一直拿不定主意。在花季过后，仙子在山谷中发现了她——一朵未及开放便枯死的蓓蕾，只是因为她选择太多而始终无法作出选择。

人的一生中，总要面对各种选择。很多时候，还必须对遇到的多种可能作出单项选择。例如，未婚时遇到了两个以上令自己心动的异性；有了幸福家庭后却又发现了让自己更为心仪的目标；毕业生选择就业时遇到两份同样待遇丰厚、前景良好的工作；购物时，琳琅满目的商品哪样都令人爱不释手；等等。当遇到多个选项、鱼和熊掌又不可兼得时，你有能力和魄力作出明智正确的抉择吗？

选择是一门看似简单却十分有讲究的艺术。人的一生，就是一个不断选择的过程。选择的正误和效率，是一个人价值取向、思想水平、道德意识和判断能力的综合体现。

一些看似无谓的选择其实是奠定我们一生重大抉择的基础。古人云：

“不积跬步，无以至千里；不积小流，无以成江海”，无论多么远大的理想、伟大的事业，都必须从小处做起，从平凡处做起，所以对于看似琐碎的选择，也要慎重对待，考虑选择的结果是否有益于自己树立远大的目标。

有选择就必须学会放弃，而放弃，对每一个人来说，都是一个痛苦的过程。因为放弃意味着永远不再拥有；不会放弃，想拥有一切，最终你将一无所有。如果你不放弃眼前的热烈，就无法享受花前月下的温馨……生活给予我们每个人都是一座丰富的宝库，但你必须学会放弃，选择适合你自己应该拥有的，否则，生命将难以承受！

生活中，每个人都有着不同的发展方向，面临着人生无数次的抉择。当机会接踵而来时，只有那些树立远大人生目标的人，才能作出正确的取舍，把握自己的命运。树立了远大目标，面对人生的重大选择就有了明确的衡量准绳。孟子曰：舍生取义，这是他的选择标准，也是他人生的追求目标。

在面临选择时，我们必须清醒地知道，我们需要什么，哪些才是对自己最重要的，哪些才是最适合自己的。

一位笃信佛陀的人走到悬崖时，不小心脚下一滑，从高处跌入深谷，所幸抓住了一根树枝。他极其虔诚地求佛陀挽救自己。佛陀真的显灵了。佛陀让他放下手中的树枝，可是那个人却不肯放下，继续把树枝抓得很紧很紧。佛陀摇了摇头说：“你不肯放手，任谁也救不了你。”

山神指引两个穷人到了一个巨大无比的宝库中。进门前，山神叮嘱他们，宝库开启的时间很短，拿到想要的财宝就赶快出来。其中一人进去后，拿了两块黄金就出来了。可另外一人看到里面耀眼的财宝，什么都想要，不知道该拿什么好，正犹豫间，宝库的大门紧紧地关闭了。

可见，有些选项看似诱人，但如果不适合自己，那就要果断舍弃。作出什么样的选择，要视自身条件和具体情况而定，要有主见，不能人云亦云。

有时候，我们选择的似乎只是如何处理问题的方式、方法，但实际却也是对自己人品、人格的考量。选择必须考虑到社会效益，不能因一时之快或蝇头小利而失去做人的道德、良心和他人的信任。

总之，人生的大多数时候，无论我们怎样审慎地选择，终归都不会尽善尽美，总会留有缺憾。但缺憾本身也是一种美。我们不妨想想，就连权倾天下的统治者都无法拥有天下所有美的东西，何况是常人。既然作了选择就不要后悔。只要是最适合自己的，就是明智、理性和智慧的选择。

在社会这个大舞台上，每个人都是自己生活和生存方式的编导兼演员，只有学会正确地进行选择，有所为，有所不为，才能演绎出精彩的人生。

自己擅长的就是最好的

生活中，我们周围的每一个人都是一个单独的个体，人与人虽然没有优劣之分，但却有很大的不同。世界上的路有千万条，但最难找的就是适合自己走的那条路。每一个人都应根据自己的特长确定发展方向，根据环境与条件，寻找最佳时机，不能坐等机会，要自己创造机会。一旦时机成熟，就要拿出成果来，获得社会的认可。每个人都应该尽力找到自己的最佳位置，找准属于自己的人生跑道。当你的事业受挫时，不必灰心，也不必丧气，相信坚强的信念定能点亮成功的灯盏。

很多成功人士，首先得益于他们充分了解自己的长处，根据自己的特长进行定位或重新定位。但在对自己进行准确定位前，你需要做的就是果断地放弃自己现在不擅长的东西。

成功是多元的，并没有贵贱之分，适合自己的、自己擅长的就是最好的，也便是成功的。瓦拉赫的成功，说明这样一个道理：人的智能发展都是不均衡的，都有智能的强点和弱点，人一旦找到自己智能的最佳点，使智能潜力得到充分的发挥，便可取得惊人的成绩。这一现象人们常称为“瓦拉赫效应”。幸运之神就是那样垂青忠于自己个性长处的人。松下幸之助曾说，人

生成功的诀窍在于经营自己的个性长处，经营长处能使自己的人生增值，否则，必将使自己的人生贬值。他还说，一个卖牛奶卖得非常火爆的人就是成功，你没有资格看不起他，除非你能证明你卖得比他更好。

据说，有一次，爱因斯坦上物理实验课时，不慎弄伤了右手。教授看到后叹口气说："唉，你为什么非要学物理呢？为什么不去学医学、法律或语言呢？"爱因斯坦回答说："我觉得自己对物理学有一种特别的爱好和才能。"

这句话在当时听来似乎有点自负，但却真实地说明了爱因斯坦对自己有充分的认识和把握。

而现实生活中，一些人在人生发展的道路上，却把命运交付在别人手上，或者人云亦云，盲目跟风，他们忽视了自己的内在潜力，看不到自身的强大力量，甚至不知道自己到底需要什么，不知道未来的路在哪里，于是，他们浑浑噩噩地度过每一天，一直从事自己不擅长的工作和事业，以至于一生无所成就。

成功学专家安东尼·罗宾曾经在《唤醒心中的巨人》一书中非常诚恳地说道："每个人都是天才，他们身上都有着与众不同的才能，这一才能就如同一位熟睡的巨人，等待我们去为他敲响沉睡的钟声……上天也是公平的，不会亏待任何一个人，他给我们每个人以无穷的机会去充分发挥所长……这一份才能，只要我们能支取，并加以利用，就能改变自己的人生，只要下决心改变，那么，长久以来的美梦便可以实现。"

尺有所短，寸有所长。一个人也是这样，你这方面弱一些，在其他方面可能就强一些，这本是情理之中的事情，找到自己的优势和承认自己的不足一样，都是一种智慧。其实每个人都有自己的可取之处，比如，你也许不如同事长得漂亮，但你却有一双灵巧的手，能做出各种可爱的小工艺品；比如，你现在的工资可能没有大学同学的工资高，不过你的发展前途比他的大；等等。

所以，一个人在这个世界上，最重要的不是认清他人，而是先看清自己，了解自己的优点与缺点、长处与不足等。搞清楚这一点，就是充分认识到了自己的优势与劣势，容易在实践中发挥比较优势。否则，无法发现自己的不足，你就会沿着一条错误的道路越走越远。而你的长处，却被你搁置，你的能力与优势也就受到限制，甚至使自己的劣势更加劣势，使自己处于不利的地位。所以，从某种意义上说，是否认清自己的优势，是一个人能否取得成功的关键。

当然，要想发展自身的优势，首先要做到对自我价值的肯定，这有助于我们在工作中保持一种正面的积极态度，进而转换成积极的行动，这无疑是一项超强的利器。

学会选择，适合的才是快乐的

生活中，我们都渴望自己成功、拥有更多的财富。可当这一切都实现时，你真的快乐吗？

可能你认为，成功与财富都是一个人价值的体现。但你要知道，价值只是一个哲学概念，其实它不是现实中的存在，你的工作你的生活不一定非得需要价值这个抽象的东西来精确地衡量，你的人生质量不是许多价值来设定的。实际上，许多人能够快乐幸福地工作，不是考虑它的价值才努力和专心致志的，而是他们在工作当中不断地进步、成长和学习乃至感到快乐和满足，这些都是很现实的目标，并且这些目标很容易达到，也会很现实地把你引领到幸福快乐的人生之路上。

1958 年 5 月 4 日，股神巴菲特的儿子彼得·巴菲特出生了。小彼得天资聪颖，六七岁时就对音乐如痴如醉。每当心情郁闷时，他就会坐在钢琴前弹上一曲传统儿歌《洋基歌》。但是此时彼得还只是把音乐当作业余爱好，高中时期他的梦想是做职业摄影师，为此还一度想要退学。直到进入斯坦

福大学，他偶然看到一个朋友用没有任何花哨的技巧，演绎了如此完美的音乐。这一刻唤醒了他内心封存许久的激情，彼得意识到了自己的未来究竟在何方。

彼得·巴菲特被人冠以全球最知名“富二代”之称。如果他随着父亲的脚步踏入华尔街，彼得可以少奋斗几十年。但他选择了与老爸截然不同的道路。在斯坦福大学他只念了3个学期便决定休学，从零开始追逐音乐梦想。虽然生活很艰难，但是彼得始终没有向父亲伸手，而是到处贴广告找工作，自力更生。历经波折，他终于靠自己的力量成为著名的音乐人和作曲家，赢得了美国电视界最高荣誉“艾美奖”。2011年，彼得·巴菲特出版的新书《做你自己》在北京举行了发布会，他在书中以亲身经历讲述了巴菲特家族的教育方式以及他对财富的理解。

他说：“对于我而言，快乐指的不是大宅或者豪车，拥有它们有时很有趣。但这不意味着它们能让你快乐。有的人会想是富裕给我父亲带来了快乐，但事实上，我父亲是因为工作本身觉得快乐。他热爱自己所做的，不管能不能挣大钱都会去做。因为他热爱自己的工作，工作使他快乐。就钱而言，我觉得钱不是秘诀。”

从彼得·巴菲特的话中，我们发现，财富和成功有时候并不能让人快乐，一个人只有从事自己热爱的工作和事业，才有源源不断的动力。

因此，即使你现在在事业上很成功，你的人生价值在日复一日的工作当中不一定得到体现，最终，个人的价值需得依赖你选择的工作之外的东西来验证。用什么东西验证呢？就是那些在人们的心目中可以量化、可以被评估的东西：比如，名声、地位、财富、权威和受到的尊重、结交的朋友等。那么，你一旦认同了工作与价值等齐，工作的意义就偏离了真正的人生价值，为了寻找一种价值替代，在追求最终成就的那个等号前边你在不停地算计、做着加法，看似简单的一加一，但是它肯定是重复而又单调的。你拼命地在这个等号前边累加一个又一个筹码：权力、威望、职位、金钱、效益……慢慢地，时间、生命 激情、灵性、思想都被用来做了交换。再慢慢地，你或许会为工作成瘾。和其他瘾一样，有一天你会发现你需要越来越多的那种“向上的”东西，你拼命地追求个人价值最大化，不断地认同来自工作的诱惑：高职位、高效益、高收入、高名气等，你越来越想把这些东西牢牢地把握在自己的手里，你需要拥有这些，以使你能变得更高人一等——你无可自拔地陷入了工作的泥沼里。长此以往，你内心的不快乐不但会郁积，因为缺乏动力，你也会停止前进的脚步。

实际上，那些眼光长远的智者，都懂得选择，他们明白，选择自己需要从事的事业就如同选择恋爱对象一样，要看你和它之间的适应度如何。换句话说，就是你要适合它，它也要适合你。适合的工作就是你在工作中体会的不是烦躁和不安，而是快乐和自尊。

为此，你有必要想明白这样一个事实：大部分人并没有获得大的成就，可他们依然快乐，依然受人尊敬。所以说，快乐和幸福的人生意义不一定全部来源于工作成就。一个普通人，社会活动范围可能小一些，但是假如他的智力品行没有问题，他的受尊敬的程度和对周围的影响力不一定小，因为他的个人价值量当中倾注的人性和爱不见得比你的少。由于是你的思想而不是你的成功才是控制你情绪的关键，所以，在你工作取得成绩时带给你的胜利的颤抖很快就会过去，过去的成就就像一顶老帽子——当你盯着你的战利品时，你会很悲伤地感到烦躁和空虚。

总之，成功并不保证快乐，两者不是同一的，并不具有因果关系，所以你就停止追逐幻想吧！不要认为你在做着与众不同的事业，不要认为你在思考更重要的事情，不要认为你比一个普通人更有价值，更高人一等。因此，改变你的价值观念，第一步就是你要理性地审视一下个人价值到底是不是由工作成就来决定的，还有你的“工作就是价值”的想法对于你的快乐和幸福更有利还是更不利？

放下过分的执念，重组你的人生

我们都知道，执着是一种良好的品质，是认准了一个目标不再犹豫坚持去执行，无论在前进中遇到任何障碍，都决不后退，努力再努力，直至目标实现。因此，执着被公认为是一种美德。然而，过分执着就变成了固执，这是一种弊病。固执的人之所以固执，是因为他们对于自己要做的事心存执念，他们认准了目标后便不再回头，撞了南墙也不改变初衷，直至精疲力竭。因此，有时候，要想重新审视自己的行为，你就必须放下那些无谓的执念。在《郁离子》里有一个故事：

一个年轻人在路上碰到了一位老者，这位老者正坐在路旁哭泣。这个年轻人感到有点好奇，于是上前询问："老人家，您为什么会这么悲伤啊？"

老人抬头看了他一眼，回答道："我的命真苦啊，我年少时，当权的皇帝喜欢与武者交往，于是我便拜了一位武者为师，可待我学成后，那位喜用武者的皇帝已经驾崩了。新上任的皇帝又喜欢文士，于是我又拜了一个秀才为师。待我学成后，新任国王却又喜欢年少者为师，而我那时已两鬓斑白。就这样，我最后一事无成。现在我走在街上，忽然想起了这些经历，所以才在此痛哭啊！"

这位老者文武俱通，不可不谓是个人才，但他却不懂得放下，因此到最后一事无成。事实上，人的生命毕竟是有限的，有时候，我们确定的目标不切实际是不可能实现的，如果你把毕生的时间都花在了坚持那些无谓的执念上，那么，当你年迈时，只能悔之晚矣。因此，学会放下那些执念，你才能迎来新的人生。

老鼠钻到牛角尖里去了，它跑不出来，不但不往回跑，却还拼命往里钻。

牛角对它说："朋友，请退回去，你越往里钻，路越窄，前面也没有出路。"

老鼠生气地说:“哼！我是百折不回的英雄，只有前进，绝不后退的！”

牛角无耐地说:“可是你的路走错了啊！”

老鼠还是固执地坚持自己的意见:“谢谢你，我一生从来就是钻洞过日子的，怎么会错呢?”

不久，这位“英雄”便活活闷死在牛角尖里了。

故事中的小老鼠，就因为自己的执念，最终死于牛角之中。

其实，生活中的我们也应该想一想，我们是否也心怀执念而让自己钻入了死胡同。坚持多一点就变成了执着，执着再多一点就变成了固执。人应该执着，但不应该错误地坚持一种想法。有时候，你可能没意识到，你坚持的想法是虚妄的。因此，我们应当学会放下，找到新的出路，重新审视自己的生活。

王杰在《英雄记钞》中曾经记载过这样一个故事:诸葛亮、徐庶、石广元、孟公威等人一道游学读书，“三人务于精熟，而亮独观其大略”。三人都想将所读之书背熟，这势必会费许多时间，而孔明是很高明的，他舍去了大部分，只观大略，于是有了天文地理无所不精的诸葛亮。可见，有时放下，可以拿起更多。

鲁迅，少年时求知欲很强，读了许多书，后又学医，但最终弃医从文。血腥的事实让他明白，学医可以治有限的人的生命，却救不了全中国大多数人麻木的心灵。于是，他果断放弃医学，挥舞一只既可当匕首又可当投枪的大笔，解剖“国民性”，对着铁屋子，呐喊复呐喊，鼓舞了无数热血青年。可见，放下次要的，可以拿起更好的。

由此可见，我们在生活中应当学会经常地放下，只有这样，我们才能在不断的放下中成长、进步。

而那些心怀执念的人似乎总是比较爱认死理，他们非常在乎、介意自己的想法与看法，或自己的立场、态度以及身份，只要与自己相关的一切，乃至任何观念，他们都很在乎。古往今来，那些太过执着的人往往因为不愿放下

那些所谓的执念而让自己陷入死胡同。比如,刘备固执于为关羽报仇,不愿听众将劝告,以举国兵伐吴,大败而归,死于白帝庙;宋江固执于接受招安,时机不成熟,葬送了农民起义;马谡不听王平劝谏,固执己见,痛失街亭。

可见,在我们的人生中,执着固然是可取的,但是某些执念必须放下,比如,那些已经被得知的或者求证的、已经板上钉钉儿的不可能成为现实的目标,你就必须果断地放弃;在现实世界中完全不能被实现的目标,你也必须理智地放弃;权衡利弊之下,得出的结论是完全没有实施必要的目标,你也必须放下……

第九章

放下是知足常乐的心态——清心寡欲，超然自得

有人说，在这个世间，最贵重的是钻石，最难满足的是人心，浮世这么重，我们能背起来的又有多少呢？当今社会，出现在我们生活周围的欲望实在太多了，稍不留神就会被欲望所吞噬。正是欲望的陷阱，才使简单的生活变得复杂，才使我们的心灵沉重。其实，放下一颗果实，就可以收获一园子的花香；放下虚无缥缈的欲望，你便能感受到当下的快乐；放下对浮世的追逐，也就放下了心上的负累，轻身走过去，再窄的路都会好走。的确，背在身上的欲望，除了让我们身心疲惫之外，还会给我们带来什么呢？

停止抱怨，路就在你的脚下

“知足才能长乐”，芸芸众生都知道这个道理，但只有极少数人才能达到这个境界。所以，大部分人都不能感觉到生活的乐趣所在。相反，他们总是抱怨生活太苦，困难太多，命运太艰难等。有位哲人曾经说过：孩子一出生就是哭泣的，因为他们知道自己将要面对很多的苦难。诚然，在我们的生活中，也是充满了各种各样的苦恼。家人身体不健康、工作不顺利、失恋、失业、求职碰壁等，这些烦心事都让人头疼无比。遇到这些事情的人，自然会抱怨自己比别人运气坏，比别人生活得糟糕。但抱怨就能解决问题吗？很显然，答案是否定的。古希腊先哲埃比提德曾经说过：“骚扰我们的，是我们对事物的意识，而不是事物本身。”这句话就是要告诉人们，抱怨不能帮助你解决任何问题，还会为你带来很多莫名的苦恼。有句俗话说得好：兵来将挡、水来土掩。就是说，无论到了什么样的境地，遇到了什么困难，动手或动脑去解决才是最好的办法。因此，不妨停止抱怨吧，路就在你的脚下，知足者才能常乐。

从前有一位年轻人，他总是抱怨自己时运不济，空有满腹才华却得不到施展的空间，日子过得也是穷困潦倒，并经常为此愁眉不展。有一天，他遇到了一位白胡子老人，老人看他眉头紧锁便问道：“小伙子，你看起来很不快乐？”年轻人说道：“我就不明白，为什么我的日子总也好不起来，这种穷苦的生活什么时候才是头呢？”老人立即反驳他说：“穷？你怎么会说自己穷呢？我看你十分富有嘛！”年轻人很不解，问道：“此话怎讲？”

老人笑了笑说道：“假如我给你 10000 元，来换你的一根手指，你会换吗？”

“不换！”年轻人十分坚决地回答道。

老人继续问:“那如果我给你10万元,但条件是你的双眼必须失明,你愿意吗?”

“不愿意!”年轻人斩钉截铁地说道。

老人再次问道:“那假如现在让你马上变成80岁的样子,给你100万元,可以吗?”

“不可以!”年轻人再次果断拒绝。

白胡子老人笑了:“你看,你全身上下都是数不尽的财富,你怎么还说自己穷呢?”

年轻人愕然无语,突然间明白了一切。

看完这个故事,相信很多人都会若有所思,其实在我们的身边,像年轻人这样不知足的人不是有很多吗?明明自己已经拥有了很多,却还在抱怨得到的太少,自然也就无法体味生命的乐趣。只要你是一个知足的人,那么你就永远不会贫穷。相反,那些贪婪之人看似拥有万千财富,实际上却是一无所有的人。

我们再来看一个小故事:

有一个穷人,穷得买不起鞋子,他为此很苦恼。每天他都会抱怨老天为什么不让他成为一个有钱人,为此他很不开心,这样一来,工作也不好好干,整天碌碌无为。直到有一天,他看到一个失去双脚的人,他的心灵突然被打动。哇,原来自己要比那个失去双脚的人幸运呀!

其实,生活中的我们又何尝不和这个穷人一样呢?我们总是抱怨自己没有得到什么,羡慕别人有什么,而忽略了自己手中拥有什么。有的人不满足自己的现状,有的人不满足自己的家庭、事业或者拥有的财富。

身处烦心事之中,身处不顺利之中,人的情绪容易激动。抱怨总是难免的,抱怨两句其实也没有什么大不了的,可以把抱怨看成一种情绪的宣泄。但这种宣泄是需要度的。就像鲁迅先生笔下的祥林嫂一样,无论走到哪里,都把自己的伤口展示给别人看。人们本来是同情她的,后来都变成了厌烦。

抱怨也是一样。一个人遇到了一些事情,总是不断地和身边的人抱怨。开始别人可能还会安慰他几句,但如果他只是不断地抱怨,却不想办法去解决麻烦,别人一样会远离他。

有人说,抱怨就是一种恶性循环。抱怨让人看不到希望,看不到幸福,看不到关爱。遇到事情就喜欢抱怨的人,不喜欢听别人的意见。因为在他们的眼里,开导他们的人都是站着说话不腰疼。所以,他们根本不会理会任何人的开导。他们不仅会抱怨自己的遭遇,还会抱怨自己身边的人。长此以往,他们的生活里没有丝毫快乐可言。

其实,抱怨只是一种手段,可以宣泄一下不满的情绪,可以让心中的不满稍微减轻一些。但是,它绝非人生主要的生存形式。更多的时候,在抱怨不满时,应该做适当的反省。为什么自己会有这样或那样的不满?是不是因为自己做得不够好?从这些方面来说,其实抱怨也可以作为一个加速器,加速自己的成功。只要你能够通过抱怨看到自己的缺点,你就会进步。聪明人懂得通过抱怨来反省自己,接纳生活,让生活变得更美好。抱怨自己的人,看到自己的缺点,一定会更加努力;抱怨别人的人,可以将抱怨转化成请求;抱怨运气的人,不如继续向前,化抱怨为动力,幸运之神迟早会被你的努力打动。抱怨其实是为了生活得更美好,为了督促自己更快地达到目标。抱怨其实就是为了不抱怨,只有不抱怨,淡然地接受一切,你才能收获幸福。

为什么不放手,敞开怀抱让我们自己释放自己的心。真正的幸福,不是过去,也不是未来,而是抓住现在手心里的幸福。不要认为别人的人生就一定会比你更好,演好自己的角色,这样你就会拥有一个属于自己的幸福人生。

淡泊名利才能收获幸福

当今社会,也许很多人都有一个追求的目标,那就是名利,只不过有的人名小，有的人名大；有的人利少，有的人利多。有的人为出大名获大利，追求了一生一世。可以说，当今世人没有谁能回避得了“名利”二字！也许人们觉得，只有获得了名利，才会感到快乐，但果真如此吗？答案是否定的。人对名利的追求，如果超越了限度，超出了理智，常常会迷失自我，甚至葬送生命。

清乾隆时期的和珅，一生疯狂追求名利，他贪婪无度，官居宰相后丧心病狂地掠夺金钱。据史书记载，他拥有土地80万亩、房屋2790间、当铺75间、银号42座、古玩铺13座、玉器库2间。另外还有其他店铺几十种。仅从和珅家抄没的财产就值银9亿两。最终，和珅被处以极刑，落得个一命呜呼的下场。

再说战国时期的吴起，是一代名将，是一流的谋略家，更是典型的名利狂。为了求名，他不择手段。为了赢得鲁国国君的信任，他竟然亲手杀了当初带着大量金银珠宝与他私奔的爱妻，就是因为妻子是鲁的敌国——齐国的女子。他终于名扬四海，然而每次名成利就，却又遭小人暗算，跌下神坛，三起三落。因求名垂青史，是吴起的成功之处；因盛名之下不避收敛而丧失性命，又是他的失败之处。

在通往名利的道路上，吴起和和珅都未尝不是很好的借鉴。淡泊名利并不是不要一些名利，宁静处世也并不是自弃于世，它的本意无非让人们把名利看得淡一些，千万不要斤斤计较、患得患失；而是让人们本分一些，不要浮躁难奈、寝食难安。

的确，名利是一把“双刃剑”，掌握不好也可令人智昏损人亦损己。有了名利应当加倍珍惜，如果过分看重它，往往就会为其所累，以致精疲力竭得不偿失。毕竟人活着不是为了名利，而是为了人生的幸福和快乐。什么是幸福呢？幸福说到底就是一种感觉，也就是说，幸福就是自己觉得幸福。但是我们却往往不是为了自己的感觉和需要，而是为了别人的观瞻和评判来规划自己的人生，争取自己本不需要的东西，并且一辈子为其所累。有的人

一生奔波劳累、悲悲喜喜，功名利禄到手了，但却丢了亲情、健康，幡然悔悟时已垂垂老矣。

轻看名利淡如水。人生于世，若能学水的清澈本性和“利万物而不争”的品格，则不仅精神居于高处，人生也将进入开阔处。要达到如此境界，最需摆脱名缰利锁的束缚。雁过留声，人过留名，想留个好名声，无可厚非，但不能为名所累。若淡泊名利，不为名利而争，人生必甚畅意。须知，“家有黄金万两，每日不过三顿；纵有大厦千座，每晚只占一间”。

在名利面前，英雄岳飞仰天长叹：“三十功名尘与土。”把功名视为尘土；唐代大诗人杜牧歌曰：“莫言名与利，名利是身仇”，都可谓是淡然与洒脱之人。

从古至今，有多少人挣扎在名利场上，正所谓，“天下熙熙，皆为利来；天下攘攘，皆为利往。”有多少人又能真正做到淡泊名利、笑看人生呢？司马迁说得好：“君子疾没世而名不称焉，名利本为浮世重，古今能有几人抛？”由此可知，淡泊名利甚难，笑看人生亦难，说起轻松做起难，就连儒家大师朱熹也感叹道：“世上无如人陷欲，几人到此无误平生。”没有一定的身心修养和良好的心理素质，就不要去想淡泊名利、笑看人生的做人哲理了。众多的学问家都是淡泊名利的佼佼者，他们对个人的名利常常采取漠然冷淡和不屑一顾的态度，而把主要精力放在对理想、事业的追求上，居里夫人便是如此。

居里夫人第一次获得诺贝尔奖之后，毅然将原来的100多个荣誉称号统统辞掉，专心研究，终于又荣获了第二次诺贝尔奖。有一天，一位朋友来她家做客，看见其小女儿正在玩英国皇家学会刚刚颁发给她的一枚金质奖章，大惊道：“居里夫人，现在能得到一枚英国皇家学会的奖章是极高的荣誉，你怎么能给孩子玩呢？”居里夫人笑了笑说：“我是想让孩子从小就知道，荣誉就像玩具，只能玩玩而已，绝不能永远守着它，否则就将一事无成。”居里夫人对待荣誉的这种态度，成为后人学习的楷模。

相反，把目光盯在名利上，其害无穷。名利不至，烦恼倍生。名利如同大山压于心头，再无继续前进的勇气；名利已取，烦恼不减，还有更大的诱惑刺激，永远不会有满足的时候。恼恨如海之大潮，一浪高过一浪，激人肝火，动人心性，以致不知路该怎样走，人该怎样做。为谋名利，甚至会背弃做人的准则。正如古人所说："利旁有倚刀，贪人还自贼(自害)。"

我们常常为一日三餐疲于奔命，也常常为薪酬待遇而斤斤计较，如果我们能静下心来清理一下自己迷乱的心灵，你会发现，对于名利，只要你看淡一点，你就会拥有一个好的心境。天雨人悲、月黯神伤的困惑便会离你而去。无论何时，只要你看淡一点，你都会平平淡淡开开心心。淡泊名利了，你会感到人生的美好和生活的温馨！

懂得知足，珍惜你所拥有的

曾经有人说过：人生若要不留下许多空白，唯一的办法是珍惜曾经拥有的，追求你所没有的。此话不假，但如果我们不懂得珍惜和知足，一味追求那些虚无缥缈的东西，那么，你就会失去很多快乐与幸福。正如人们常常劝慰失恋者："不要因为一棵树而放弃整片森林。"的确，这个道理可以应用到生活中的方方面面，当你已经拥有大片森林时，为什么还要追求那棵树呢？珍惜你所拥有的，懂得知足，放下虚无的目标，你会过得充实、简单、快乐！

曾经有这样一个故事：

一个秋日的午后，富翁在海滨度假，见到一个渔夫。渔夫正躺在沙滩上打盹儿。富翁说："老兄，天气这样好，您今天一定打到了很多鱼。"渔夫摇摇头。

"您觉得不舒服吗？"

"我的身体棒极了。"渔夫站起来，舒展着四肢。

富翁显出困惑的表情:“那您怎么不去打鱼?”

“我已经打过了。我的筐里有 4 只龙虾,还捕到了 20 多条青花鱼,我甚至连明后天的鱼都打够了。”

富翁激动起来:“但是请您想一想,要是您每天出海两次、三次,甚至四次……您就能捕到更多的鱼啊!”

“打那么多鱼干什么?”渔夫问。

“打了鱼,卖掉,然后买一条渔船,出海去捕更多的鱼,再赚更多的钱。”富翁认为有必要给渔夫制定一个人生规划。

“赚了钱再干什么?”渔夫仍显出那副无所谓的样子。

“组织一支船队,然后就能赚更多的钱。”富翁心里直笑渔夫的愚钝不化。

“赚了更多的钱再干什么?”渔夫已准备回家了。

“开一家远洋公司,不光捕鱼,而且运货,浩浩荡荡地出入世界各大港口,赚更多更多的钱。有朝一日您还可以建一座冷库,盖一座熏鱼厂……您甚至可以坐着直升机飞来飞去找鱼群,用无线电指挥你的渔轮作业。您可以取得捕大马哈鱼的权利,开一家活鱼饭店,无须通过中间商就直接把龙虾运往巴黎,然后……”富翁兴奋得说不出话来。

渔夫拍拍他的背,好像在拍着一个呛着的孩子:“然后怎么样?”

富翁被渔夫激怒了,没想到自己反倒成了被问者:“当然是为了享受生活!”

渔夫笑了:“我每天钓上几条鱼,其余的时间嘛,我可以在暖和的阳光下打打盹儿,还可以眺望大海,看看朝霞,欣赏落日,会会亲戚朋友,优哉游哉。我已经在享受生活了,只是您照相机的咔嚓声把我打扰了。”

富翁和渔夫,究竟谁的快乐才是真的快乐,我们不得而知,因为每个人的人生价值都各不相同。但从中我们得知一个道理,有时候,人们苦苦追寻的目标,却远不及当下已经拥有的生活。在渔夫看来,富翁奋斗了一生,所追求的幸福生活，自己正在享受着：钓鱼，晒太阳，与老婆孩子过着平淡悠闲的日子。区别只在于，富翁度假之后，需要回到他的公司，继续经营他的产业，渔夫则继续他几乎一成不变的生活。

事实上，现实生活中，很多普通人的心态却与渔夫大相径庭，他们过着万万不能的"没钱"的生活。所以，人们有理由认为富翁是幸福的，因为可以到山清水秀的地方度假，因为有财富有马仔可以支配。可怜的绝大多数还没有成为富翁的人只能用毕生时间去追求财富，按照富翁指引的方向和方式为钱而奔波，且不知道最终能否成为富翁。事实上，他们在寻找财富这一棵树的同时，却忽视了原本就可以为自己带来快乐的大片森林，诸如亲情、友情等。

当然，在广袤的生命森林中，值得珍惜的东西太多，最重要的不外乎三点，那就是时间、机会和痛苦。人们常说年轻人都是富有的，那是因为他们拥有这世界上最宝贵的财富——时间。时间就是生命，如果对时间不加以珍惜，那失去的又岂止是时空意义上的时间，而是一个人的生命呀！

有人主张把人生分成昨天、今天和明天三个阶段，昨天已定格为历史，没有能力去改变，我们正拥有的今天和要追求的明天才是重要的，而只有珍惜和把握好今天才能很好地去拥抱明天。生活总是在昨天——今天——明天的轮换中前进，稍不留神，一个现实的今天就会从你的肩头匆匆滑过，紧接着，明天就变成了今天，如果抓不住，还会像影子一样很快从你的眼前消失，成为昨天。"盛年不重来，一日难再晨。"不要以为一生有多长，在有限的生命里若不倍加珍惜，那留给自己的将只会是痛苦和悔恨。

西方有一位哲学家说，在许多事情上，我们应少用心去创造机会，而更好地抓住现有的机会。只有抓住每一次机会，你成功的机会才会更多。虽然人生有许多考验，失去了一次并不意味着失去永远，但是，失去的是不会再来的，失去就意味着你不会再拥有。一个人的一生能经受得住几次这样的失去？只要有机会就得牢牢抓住。纵观古今中外，哪一位有所成就的人

不是珍惜每一次机会？有谁能相信，一个坐失良机的人，有一天会有所建树？

人生值得珍惜的东西确实太多，即使是痛苦，我们也应该好好珍惜。"一切痛苦都孕育着快乐。"不经历痛苦，真正的快乐永远不会降临。

很多人在老之将至时往往会追悔自己的年轻岁月，并遗憾不已。原因就在于在年轻的时候他们没有好好珍惜自己所拥有的，总想去抓住外界的那些诱惑，最终只会导致悔恨。为了明天的美好，为了不给自己留下遗憾的种子，请珍惜目前所拥有的一切吧！

放下攀比心，活出不一样的自我

人是群居动物，在社会生活中，有交流就有比较，于是，人们就出现好胜心、攀比心，当自己的现状比周围的人差时，总是怀着一种想超越的心理，这种心理会促使我们不断努力和进步。但如果这种心理变成了盲目的攀比，就会变成一种不切实际的心理焦虑，就等于为自己设置障碍。实际上，每个人都是单独的个体，都应当有自己的个性。只有坚持走自己的路，放下攀比心，才会活出自我。

老子的《道德经》提倡无为而治，就是让人放下攀比之心。无为而无不为，意思是不攀比而无所不能。无为并不是什么都不做，而是放下攀比之心，因为有了攀比之心，人们不能按自己的方式去生活，去做事。人都有自己的特长，有自己的才能，有自己的价值观。以不攀比之心去做事，才会发挥自己最大的价值。

美国街头有一名男子，弹着吉他，为过路的人弹唱。有一个中国姑娘路过此地，很吃惊，问这名男子："你这么年轻为什么在这街头卖唱？"男子说道："我觉得这样很好呀！这样能给大家带来幸福！我每天过得很充实，不觉得低贱。难道金钱就可以决定幸福与否吗?”

从这件事可以看出，价值不是金钱与物质衡量的！幸福不是金钱带来的。只有放下攀比之心，人们才能真正活出自我，会得到真正的幸福！

然而，这种好虚荣、要面子的心理焦虑具有一定的普遍性，要调整这种心理状态，应该客观地认识自己、认识面子问题，不要对自己提出超出实际的期望值。

张阿姨今年刚满四十岁。她年轻时，圆润白皙的脸上，是很柔和的五官线条，看到邻居小孩的时候，总是要伸手来拧一下他的脸，然后说“有空的时候到我家来玩，给你吃糖”。

刚结婚那段日子，她把家里打扫的非常整齐干净，逢人也总是笑眯眯的。在他们那个年代她是非常出色的，相貌端庄，出身好，人也非常能干。

她对丈夫特别好，手也特别巧，结婚后，全家老小的毛衣都是她织的。那时候，丈夫对她也特别好，不管冬天夏天，他都坚持给在单位上班的妻子送“爱心午餐”。她的名字里有个“娇”字，每天中午，单位的人都会听到他叫“娇，午餐”，他们单位的人都给她取外号叫“娇午餐”，那段时间，他们真的很恩爱，也没有人会怀疑这两个人不会白头偕老。

丈夫是做销售的，现在是个不错的职业，但20世纪80年代初却不是很容易做。可他很有韧性，拿出当年追她的劲头，硬是把一间快倒闭的小厂的产品弄活了。她们家成了周围亲朋好友羡慕的对象，他们的房子换大了，买了车，女儿进了学费让人咋舌的私立学校。而很多矛盾也跟着来了。

张阿姨开始喜欢上了有钱人的生活，每天不是上美容院就是和一群麻友们在一起，女儿的学习不管，丈夫回来也是冷锅冷灶。

不止这些，她甚至成了典型的“怨妇”，丈夫和女儿听见的就只有她抱怨美容院的服务态度不好，怎么最近股票又跌了，快要成穷光蛋了？看见女儿一片红的试卷，马上又打又骂。丈夫一回来就训他，这个月的营业额怎么那么少?

刚开始，女儿和丈夫还忍受，可时间一长，父女俩就提出要搬出去住，后来丈夫提出和她离婚时，女儿居然没反对。

这都是欲望惹的祸，这样的女人怎么会有人爱？可能，你的薪水太少、职务太低、工作不顺心、任务繁重，可能你的丈夫不能给你让人羡慕的物质生活，于是，你开始不知足，你开始抱怨。这些物质生活并不会因为你的抱怨而得到满足，于是，生活中没有了希望，没有了阳光，你怎么会给身边的人带来快乐呢？这种女人自然没有人爱，而一个有修养的人不会让欲望成为自己修养的杂质，她们知道知足常乐的道理，每天锅碗瓢盆的生活也让她们感受到无穷尽的幸福。

人人都有攀比之心，这是人类好胜心的一种体现，而且，男女所攀比的内容不一样。男人们工作之余聚在一起，喝酒聊天，谈自己的妻子对自己是多么尊重，吹嘘自己的老板是怎么看重自己；女人们通常比的是谁的工作环境好，挣钱多；谁的老公更有权有势；谁的孩子更优秀；谁的房子大，装修豪华；谁的衣服化妆品牌子更响亮；谁看起来更年轻更漂亮……其实，这种比较是没有任何意义的。因为无论你怎么比较，你永远都是在过自己的生活，而不是别人的，你的生活、你的现状都不会受到任何影响。你既得不到别人的财产，也不会失去自己所拥有的一切。所以，请停止无谓的攀比，不要给自己徒增烦恼。

总之，攀比是一把利剑，这把利剑不会伤到别人，只会伤害自己。它刺向自己的心灵深处，伤害的是自己的快乐和幸福。俗话说，“人比人，气死人”，攀比是不满足的前提和诱因，人们在没有原则没有意义的盲目比较中导致心理失衡，胃口越来越大，追求得越来越多，越发不满足。而如果你能放下攀比给你带来的枷锁，活出不一样的自我，那么，快乐就会如影随形。

不要苛求生活，不完美的才真实

我们任何一个人都知道，人无完人，但对于生活，人们却不能以同样的心态面对，他们总是希望生活可以过得更好，总是认为自己可以获得更多，总是苛求生活。而很多不快乐的人，他们痛苦的来源就是“把自己摆错了位置”，总要按照一个不切实际的计划生活，总要跟自己过不去，总觉得生不逢时，机遇未到，所以整天郁闷不乐。而快乐的人明智地摆正了自己的位置，工作得心应手，生活有滋有味。因为他们懂得生活的艺术，知道适时进退，取舍得当。快乐把握今天，而不是等待将来。事实上，我们每天可以做自己喜欢的事情，不在乎表面上的虚荣，凡事淡然，不苛求，那么，快乐、幸福就会常伴我们左右。

唐代有一位丰干禅师，住在天台山国清寺。一天，他在松林漫步，山道旁忽然传来小孩啼哭的声音。他循声望去，原来是一个稚龄的小孩，衣服虽不整，但相貌奇伟。丰干禅师问了附近村庄人家，没有人知道这是谁家的孩子。丰干禅师不得已，只好把这男孩带回国清寺，等待人家来认领。因为孩子是丰干禅师捡回来的，所以大家都叫他“拾得”。

拾得在国清寺安住下来，渐渐长大后，上座就让他做添饭的工作。久而久之，拾得也交了不少道友，其中一个名叫寒山的贫子，相交最为莫逆，因为寒山贫困，拾得就将斋堂里吃剩的饭用一个竹筒装起来，给寒山背回去。

有一天，寒山问拾得：“如果世间有人无端地诽谤我、欺负我、侮辱我、耻笑我、轻视我、鄙贱我、恶厌我、欺骗我，我要怎么做才好呢?”

拾得回答道：“你不妨忍着他、谦让他、任由他、避开他、耐烦他、尊敬他、不要理会他。再过几年，你且看他。”

寒山再问道：“除此之外，还有什么处世秘诀，可以躲避别人恶意的纠

缠呢?”

拾得回答道:“弥勒菩萨偈语说——

老拙穿破袄,淡饭腹中饱,补破好遮寒,万事随缘了;

有人骂老拙,老拙只说好,有人打老拙,老拙自睡倒;

有人唾老拙,随他自干了,我也省力气,他也无烦恼;

这样波罗蜜,便是妙中宝,若知这消息,何愁道不了?

人弱心不弱,人贫道不贫,一心要修行,常在道中办。

如果能够体会偈中的精神,那就是无上的处世秘诀。”

有人说寒山、拾得乃文殊、普贤二大士化身。台州牧闾丘胤问丰干禅师:“何方有真身菩萨?”意指丰干乃弥陀化身,惜世人不识,二人隐身岩中,人不复见。寒山、拾得二大士不为世事缠缚,洒脱自在,其处世秘诀确实高人一等。

俗话说:“命里有时终须有,命里无时莫强求。”生活对于每个人来说,蕴藏着无限的哲理与深意,要做到不为世事缠缚,洒脱自在,就必须对生活的要求不能太多。

我们都知道,世间万物、花花草草都有其一定的生长规律,人若也能像顺应花草的自然天性一样去顺应自己的能力和体力,不在自己力所不能及的事情上强出头,就能营造自己理想中的生活,做自己理想中的自我。

事实上,生活中有太多的完美主义者,他们放不下执拗的对生活苛求的态度,他们对事物一味理想化的要求导致了内心的苛刻与紧张,因此,常常不能心平气和,追求完美的同时也失去了很多美好的东西。

其实,事物总是循着自身的规律发展,即便不够理想,它也不会因为人的主观意识而发生改变。不完美的生活才是真实的,花开虽艳迟早要败,燕舞虽美却秋来南飞。完美的生活只会让生命失去意义,失去真实,失去意气风发的自我。所以,我们不能苛求自己的一切完美,容许生活存在缺陷,容许自己犯一次错,不要总是为自己无可挽回的过去忏悔,我们只有在一次次实践中才能懂得自己的欠缺所在,在不断完善的自我中去追求完美。

在这样一个讲究包装的社会里，我们常禁不住羡慕别人光鲜华丽的外表，而对自己的欠缺耿耿于怀。其实，没有一个人的生命是完整无缺的，每个人都会缺少一些东西。

有的夫妻恩爱、月入数十万，却是有严重的不孕症；有的才貌双全、能干多财，情字路上却是坎坷难行；有的家财万贯，却是子孙不孝；有的看似好命，却是一辈子脑袋空空。每个人的生命，都被上苍划上了一个缺口，你不想要它，它却如影随形。

因此，对于生活中的缺失和不足，你不妨宽心接受，放下无谓的苛求和比较，这样反而更能珍惜自己所拥有的一切。

放下过多的欲望，感受生活的快乐

在短短的人生旅途中，人人都有所求，但没有人能够拥有世间的一切。人们所求各不相同，但万涓细流，终将汇聚成海，归根结底，人们所求的乃是快乐。世上没有比快乐更可贵、更难得、更为人们所普遍追求的东西了。但现实生活中，人们似乎总是颠倒了欲望与快乐在生命中的位置。一个人，只有真正放下过多的欲望，才会懂得快乐的真谛。

有一个学者出门寻找世界上最快乐的人，他走了很远的路，问了沿途碰到的所有人，他们都说自己不快乐。

有一天，学者终于来到皇帝的宫殿，皇帝坐在用黄金做成的椅子上，他身后是一座藏有数不尽金银财宝的巨大宝库。学者问皇帝："你一定是世界上最快乐的人了？"皇帝愁眉苦脸地对学者说："怎么会呢？我每天要考虑国家大事，外敌正在入侵我的领土，我怕我的大臣起来谋反，我怕小偷偷走我的珠宝，我怕生病，我怕死亡……哎！我是世界上最不快乐的人！"

学者垂头丧气地从皇宫里走出来，顺着原路往家赶。经过一片荒野时，

发现前边有人坐在一堆火旁边，一边唱歌，一边烤着什么东西，他走过去一看是一个乞丐，他奇怪地问道："看样子你一定很快乐？"乞丐答："我捡到了半根香肠，晚上不用挨饿了！我现在是世界上最快乐的人！"

大千世界，芸芸众生，各人有各人的活法，各人有各人的快乐，对快乐的理解也大相径庭。不同的人，对快乐的追求与体验是完全不同的，孩子们的快乐是小小的，由一串串小小细节所组成：小游戏、小零食、小礼物、小鼓励。恋人们的快乐在于浪漫的约会，甜蜜的语言，出则牵手同行，入则相拥相亲；中年人的快乐是儿成女就，事业有成；老年人的快乐则是宁静、安详、平和……但所有的快乐都是建立在对已有生活的满足上，一个已经陷入欲望沟壑的人是永远不懂快乐的。

大部分人认为，一个人是否快乐，应该是与其所拥有的财产多少、地位高低成正比的，那些地位显赫、家财万贯的人必定是幸福的。其实不然，我们看那些历代皇孙贵胄，谁不是锦衣玉食、万人朝拜，但又有谁是真的快乐呢？他们得时时为了皇权的争夺而处心积虑，深恐遭到别人的暗算而担惊受怕，谁又能真正快乐过？就像上面故事中的皇帝一样，就算拥有再多的东西，也没有快乐可言。

人的生命只有一次，而且时间是有限的，人生在世只有短短的几十年。所以，每个人都应该珍惜自己的生命，在有限的时间里不要让自己太疲惫，要让自己过得快乐一点。人活一世为了什么？就是为了快乐，快乐是人生最大的财富。

李先生大学毕业后，经过一番奋斗，已经有了自己的事业，日进斗金，腰缠万贯。但他无论如何也快乐不起来，前思后想，才明白是生活中缺少了一份真情，金钱的拥有和生活的快乐无因果关系。路遥深有体会地说："精神富有和物质富有是两回事。"一个人只要心态平和，就可以活得快乐；一个人积极向上，虽苦犹甜。偷机作懒，身子清闲未必真快乐。

的确，人类最大的悲哀莫过于拿自己有限的生命去追求无限的欲望，这个世界上有太多美好的事物，我们每个人都不可能得到所有，所以一定要学会知足。只有知足，才能常乐。一个人若是被欲望所左右，就会变得可怕，或许他们的物质条件会越来越好，但是却在永无止境的追求中迷失了许多宝贵的东西，从来没有享受过真正的快乐，绚丽的外表下藏着一颗空虚的心灵，而且他的一生注定要被痛苦纠缠。

而人之所以不快乐，就是因为不知足。实际上，人类自身的需求是很低的，远远低于欲望。房子再大，也只能住一间；衣服再高贵，身上也只能穿一套；汽车再多，也只能开一辆在街上跑。能够认清楚这一点，那么我们就能够活得更加从容一点，更加豁达一点。更重要的是，我们将会有更多的时间和精力，进行精神层次的追求和享受。

其实，应该说，人的幸福指数与其欲望是成反比的，越想得到的多，就越会失去得多。我们自打出生那一刻起，就注定了会得到什么，失去什么，我们会得到父母的爱，但终有一天，父母也会离开我们；我们还会遇到事业上的不顺心、感情上的不如意甚至是朋友的背叛等，但人的精力是有限的，我们不可能什么都抓住，所以不必苛求那些得不到的东西或办不到的事情。过于执着，只会让你失去很多当下的快乐。因此，每个人都要学会"知足"，很多快乐都建筑在这两个字之上，如果你一辈子都在不停地满足自己一个又一个愿望，就没有一丝一毫的幸福可言，那这样的人生又有什么意义呢？

生活在这个世界上是很不容易的，而生命却是有限的，所以我们要把有限的生命投入到无限的快乐生活中去。因此，从现在起，你不妨放下无止境的欲望，学会知足吧：

当你每天为了生计奔波时，你应该知足了，因为你还有家人；

当你和你的爱人拌嘴时，你应该感到幸福，因为茫茫人海，是缘分让你们走到了一起；

当你对父母的唠叨不胜其烦时，你应该感到知足，因为你还有父母的关心；

当你不得不为了早起上班而烦恼时，你应该感谢自己，感谢自己还有一份工作；

当你没有汽车代步而骑自行车时，你应该感谢上苍，让你拥有健康。

总之，无论在什么时候，无论在什么地方，我们都要学会知足。假如你没有惊天动地的大事情可以做，那么就做一个小人物，给一个可爱的孩子做父母，给一对老人做孝顺的子女，给你的另一半简单而平凡的人生。

第十章

放下是怡然自得的洒脱——达观看开，永不迷失

在当今这个竞争激烈的社会，你追我赶的现代人，绝大部分都希望自己的生活能够达到怡然自得的最佳状态。但这种生活状态可能只是一种奢望或内心的祈祷，因为他们不愿意放下尘世中的太多牵绊，甚至迷失自己。追求物质财富的欲望，把人们折磨得精疲力竭。人们迫切希望寻求生活的真谛，为心灵与精神辟出一片净土，寻觅一处赖以生存的宁静港湾。而达观是一种生活态度，具有乐观、豁达、坦然性格的人，不管到什么时候，他们都可以挖掘蕴藏在生活中的无穷乐趣。即使在黑夜，也能觅到天空中微弱闪烁的星光。

别为前途恼，天生我材必有用

人生在世，谁都希望自己有个光明的前途，希望自己有所作为，但事实上，并不是所有人都能春风得意。此时，可能你会悲叹人生，可能你会否定自己，可能你会认为自己是天底下最不幸的人。对此，李白诗曰："天生我材必有用，千金散尽还复来。"通常来讲，越是有所追求、越是想干点事的人可能遇到的烦恼和痛苦就越多，凡是达观一点，看开一点，相信自己，终会心想事成。

包维尔自小就十分喜欢摄影，大学毕业后，他对摄影到了痴迷的程度，无心去挣钱工作。从此包维尔过着简单的生活，从不理会自己的生活是富有还是贫穷，只要能够摄影也就够了。他穿着破裤子，吃着最简单的汉堡包。在别人眼里，他是困苦贫穷的象征，而包维尔自己却过得异常快乐。

在他 27 岁时，他的人物摄影技术已经到了登峰造极的程度，成为世界公认的人物摄影大师，曾为英国首相拍摄人物照，并从此一发而不可收。至今他为全世界 100 多位总统、首相拍过人物摄影。请他摄影的世界名流更是数不胜数，排队等候一两年是常事。

从包维尔的故事我们得知，要想实现自己的人生目标，一个人只有内心平静、努力充实自己，等待时机、不骄不躁，你的日子才会过得悠然自得、从容不迫，你才会找到自己的生活，实现自己的理想，完成你自己的事业，并使之达到顶峰。

在人生旅途中，很多人为前途而烦恼，但如果遇到失败就气馁，自我放弃，抑或自寻短见，甚至走上自毁之途。试问，这样又如何完成这漫长的人生旅程呢？再者，为了一时的失败而白白断送自己一生的前途，这又是否值得呢？古语有云：谋事在人，成事在天。尽管我们尽了最大的努力去做一件事，而结果往往未如人愿，此乃天命是也。当然，这并不是告诉人们要消极悲观地等待命运的宣判，而是要让我们明白，凡事要达观，不可太过纠结。

我们发现，生活中那些处世达观的人，他们总是热爱生活、勇于奋斗，生活中的小烦恼对于他们根本不足挂齿，他们仍然对未来充满了无限希望。而那些处世悲观的人，总慨叹自己命运不济，于是，他们的生活过得空虚，月亮会使他们感到孤独，雪花会使他们感到寂寞，就是盛开的鲜花摆在他们面前也会感到正在凋谢。人非草木，遇到不愉快的事情自然不会无所谓，然而现实不会因你的烦恼而改变，生活不会因你的痛苦而失去灿烂。人生的路，需要你勇敢地面对、冷静地思考、明智地选择。

事实上，世事并无绝对。“天生我材必有用，千金散尽还复来。”人生在世必有其发展的领域，只是此刻还未遇到。而很多时候，发挥所长的机会是自己争取的。这个过程或许很痛苦，要失去很多东西。但当你苦尽甘来之时，失去的东西往往有重归的一天。

有句话说得好：“把自己看得很大，世界就很小；把自己看得很小，世界就很大。”一个人若把自己的荣辱得失、功名利禄看得过重，什么都舍不得“放下”，哪能活得自在轻松呢？

世界心理学大师卡耐基曾经讲了这样一个故事：

他的一个学生，每天都不开心，工作、家庭、事业、朋友，许多事情都让他感到心烦。有一天，他在听了卡耐基的课程后，正忧心重重地走在回家的路上，突然碰到一个双腿残疾的人，在人行道上用双手支撑着前行，这个人满脸微笑对他说：“你好！”这个学生突发灵感：一个残疾人都可以这样无忧无虑地生活，而我四肢健全又有事业的人为什么要不快乐呢？回家后他立马与卡耐基沟通，得到肯定的答复。自此以后，这个人变得快乐和健康，而且事业蒸蒸日上。

当然，要放下为前途担忧的苦恼，就需要你学会理智地去面对眼前的挫折。可以说，挫折是强者与弱者之间的一条重要的分水岭。挫折对于强者

非但没有损害，相反是一种很好的锻炼。生活中强者与弱者的唯一区别在于，弱者一经挫折便自行退却；强者则在经受了第100次挫折时，便开始准备第101次的进攻。

要树立积极达观的人生态度，就要从自身做起，培养出一种艰苦奋斗、开拓进取的精神品质。要树立积极达观的人生态度，就必须把个人的成长与社会的发展紧密结合起来，从个人狭小的生活天地里走出来，从而实现崇高的人生目标。

所以，人生没有注定或必然的失败！失败只会在你放弃尝试时才出现。人生是一个非常公平的游戏，因为人一出生，各种问题便会接踵而来，纵是亿万富翁之子亦有令其烦恼之事。故而，当遇到问题时，坚韧不屈的斗志和冷静的头脑是必需的，当一个人时刻都能拥有这两种东西时，所有的问题都会迎刃而解。要谨记，机会和成功只给予勇于面对困难的人。

勇往直前，走出人生低谷

人生就如同一杯泡好的清茶，有浮有沉，有高有低，既有高高在上的显赫与辉煌，也有不高不低的平凡，甚至还有在人生低谷时受到的打击以及感觉前途灰暗时的自卑与放弃，但人生又能有几次大起大落？如果缺少这些快乐与痛苦，伤心与激动，那一个人的一生还能叫作完整吗？但凡伟人也并不是一帆风顺。他们走过了许多坎坷，许多悲伤，许多忧虑……成功总是青睐那些走出人生低谷、勇往直前的人。当然，有人成功就必然有人失败，一部分人的一生都未走出人生低谷，导致一辈子碌碌无为，因为他们缺少一种精神——达观。

事实上，任何痛苦和逆境都是有意义的。人生不如意十之八九。人一辈子会碰上许许多多的痛苦，这是我们无法避免的。痛苦可以让人颓废，也可以激发人的斗志。痛苦磨炼了人的意志，让人们不轻易被困难打倒。

当然，要走出人生低谷，我们除了要具备达观的心态外，还必须对此付诸实际行动。你也许听过“猴子等明天”的故事吧：

一只猴子被暴风雨淋得晕头转向，浑身发抖，无处可躲。于是，它决定明天一定造一个漂亮舒适的房子。可是，第二天雨过天晴，猴子却伸了伸懒腰：“等明天再造房子吧。”于是又尽情地玩去了。时间一天一天地过去了，猴子却一直没有把房子造好，只是暴风雨又来临时，它才后悔不迭。

“明日复明日，明日何其多”，我们决不能像那只贪玩的猴子那样，总把希望寄托给明天。抓紧时间，做今天的事，才是最实在的，才能解决当下的问题，找到出路。

当然，对于人生的低谷，我们首先要做的就是坦然地接受它，因为任何事情的存在，都必定会产生一些影响，我们要承认这种影响，承认低谷已经存在了。比如，当你深爱的人刚刚去世或你感到死亡正在向你靠近时，你肯定不会感到幸福，但是你可以臣服它，处于一种平和的状态。相反，你越是抗拒，这一事情对你产生的影响就越持久。再如，你越是不相信你爱人已经去世，你越是陷在这种痛苦的泥潭中不能自拔。当然，承认低谷的存在与“我不愿再烦恼了”“我不可能再发展了，就接受这种状态吧”这种态度是不一样的，这意味着你要接受那些你不能改变或当下改变不了的现实。要想改变现状，不断地采取积极的行动，直到你取得理想的结果。

其次，我们要相信自己能走出低谷，相信我们会有成功的那一天。虽然现在你正处于人生的低谷，但是要相信自己一定能越过这个坎，而且通过这些你会变得更成熟更强壮。

人生低潮是上天赐给你的，是让你成长、让你变强的礼物。曾经听过这样一个故事：

伟大的所罗门王曾经做过一个梦，梦中的智者告诉他一句至理名言，记住这句话，可以让人在得意时不骄傲，失意时不痛苦。但是所罗门王醒来时

却忘了这句话是什么,召集了王国里最有智慧的长者,并且给了他们一枚戒指,告诉他们,如果想出这句梦中的话,就把它刻在这枚戒指上。几天后,戒指被送还给所罗门王,上面刻着:“一切都会过去!”

是的,一切都会过去的,无论发生什么,它即将成为过去,未来将会来临。当你感到情绪低落时请以这句话自勉。

最后,低谷应该是你重新审视自己、反省自我并调整自己的时候,成长来自于磨难。

那么,当我们陷入低谷时,该怎样让自己变得积极起来呢?实际上,我们都知道,这是不容易的,但你可以缩短低谷的时间。为此,你必须跨出第一步。你可以通过转移注意力的方式,做自己喜欢做的事情,你可能会想,我厌恶极了现在的工作,那么,你总有喜欢做的事情,不管是学外语,还是学做料理,抑或煮咖啡、登山、运动……只要能让自己变得积极一点,你就应该马上跨出一小步,给自己注入积极的活力。

人生有高潮就有低谷,人生如同一场游戏,没有定数,所以又何必处处计较?不如保持信心与期待,胜不骄,败不馁,在这个美丽的人间留下自己坚实的足迹。或许你以为在你面前,是很难越过的门槛,其实当事情过去后,你会发现,这在你人生路上是多么不起眼的一件事情,根本无须担惊受怕。所以,你应该重新扬起自信的风帆,鼓起劲儿摇桨,向成功的彼岸进发。

别为爱迷失,缘分不可强求

人们常说,爱情是世间最美好的东西,因为爱情应该是世间万物自然孕育而成,它本来是无形的,所以不能刻意地给它总结答案。爱的自然属性确定了爱情首先要以宽松为基准,然后它才是快乐的。爱情源于自然,只有这种自然而生成的爱恋才会持久。爱情会遁形于我们内心深处,只有融入我

们心灵深处的爱才是最美丽的事物。所以，当爱情来临时，我们不要爱得盲目，也不要爱得愚痴，要爱得轻松，境由心生，越是轻松的心情越快乐。而当爱情不在时，也不要过于执着，任何失去自我的爱情都失去了爱原本的意义，要试着把自己的双手慢慢地放开。把双手放开时，才明白越是自然、越是随意的情感才越让人心情放松。

他和她是大学同学，大一那年，他们就恋爱了。他很会照顾她，她像一只小鸟儿一样依偎在他的身旁。毕业后，看着周围的同学都劳燕分飞，为了巩固他们的爱情，他们决定马上结婚。这件事一直成为同学和朋友们广传的佳话。

毕业后，他们在父母的资助下，办起了自己的工厂，两个人的小日子过得累并快乐着。有了孩子后，他便让她专心在家照顾孩子，她做起了全职太太。她的生活从此变得单调起来，她开始胡思乱想，有时候，只要他一天不回家，她就开始担心他是不是和别的女人在一起，而只要他一回家，她就翻看他的电话记录，他的神经也被她弄得紧张起来。最可气的是，经常在开重要会议时，他的电话响个不停。长此以往，他觉得她变了，他和她在一起也累了。于是，他准备离婚。当他向她提出离婚要求时，她什么都没说。第二天，当他回家时，却发现她已经吞食了一大瓶安眠药。

我们不免为故事中的女主人公感到惋惜。事实上，我们生活的周围，像这样为爱放弃生命的案例并不鲜见，他们把全部的精力投入到爱情中，以致迷失了自己。

人们常把爱情是否有美好的结果归结为缘分。的确，缘是一种很难说得清楚的东西，也很难说清楚是怎样的缘分指引我们走过岁月的千山万水。在生命的际遇里相识相知，人的一生该有多少意想不到。在记忆的天空里像一朵淡淡的云，来时坦然，去时从容，这就是缘分：缘分如水，来去自由。

人们常说："命中有时终须有，命里无时莫强求"，你要学会以淡然的心态面对爱情中的得失，接受爱情给你带来的快乐与痛苦。即使你没有了爱

情你还有友情，还有亲情，还有生命，命运垂青于任何一个经得起考验的人，人间真情会在你孤立无助时释放光彩。世间的一切情缘在聚散中谱写几多悲欢几多愁，离离合合本是生命中按捺不住的跳动的音符，又何必泪湿衣襟。

缘来了，缘散了，留下一些美好，也留下一些遗憾，正如生命中的每一个故事，是你的就是你的，不是你的终归不属于你。万事随缘，错过的就让它错过，该来的还要冷静地面对，珍惜你所拥有的。最好顺其自然，如果它微笑着翩翩而至，来到你的身边，它会永远属于你；如果它无意降临，你又何必死死抓住不放？就请潇洒地松手。过多的在意和企盼充其量是一种无望的负担。

感情的事不能勉强。花终会谢，人终会老，而感情也会被时间腐蚀。缘分尽了你别回头，没有什么值得你逗留。通过破碎凌乱的记忆回想曾经的山盟海誓，过去的海枯石烂，你的双眼会被曾经划伤，直到泪流满面。当一切不再清晰透明时，当美好的过去被厚厚的尘埃凝结时，当爱已成往事时，请不要苦苦守候，更不要痴痴挽留。锁住这段美好的记忆，留一段美好的回忆。

生命本身就不是一场完美的戏剧，它始终有缺憾，它给你带来些什么，也会带走些什么。但无论怎样，你都应该潇洒一点，那场无可挽留的爱，你就当是生命中划过的一道美丽的彩虹，你要学会在自己的情绪里寻求解脱。只要你愿意，你可以勇敢地对已经逝去的彩虹说声“再见”，也可以把一切恩怨化作岁月的云烟，在前行里轻松地追逐梦想和信念。只要能坦然面对人生的得失，又何必在乎缘分的深浅和长短？

真正的潇洒就是看得开一切，因为计较得太多就成了一种羁绊，迷失得太久便成了一种负担。不必太在意，拥有时珍惜，失去后不说遗憾；过多的在乎将使人生的乐趣减半，看淡了一切也就多了生命的释然。

其实，你大可以把这一切归结为缘分，有缘无分，或有分无缘，都只不过是生命中一段不圆满的缺憾，它不应成为你人生征途上走不出的困惑和茫然。但遗憾的是，为什么世间总有那么多痴男怨女，为爱执迷不悔？又有一些爱无能者，总是一味地从爱人那里索取？甚至有一些狭义地为爱而生的人，缘分已尽却还报怨，得不到心爱的人便疯狂地报复和记恨，在错过的友情里消融激情和意志，以至于被无穷的愁情烦事所累，失去了活着的乐趣，在痛苦的深渊里无力自拔，日子过得暗淡而苍白。

漫漫的寒夜终会过去，怀揣一份轻松和坦然，生活便会少一些烦恼和忧愁，该珍惜时就珍惜，该放手时就放手。如果将一切都看淡了，那么人世间也就没有什么可以让你耿耿于怀的事了。

学会宽容，成全自己的幸福

人的一生中都会遇到不顺心的事，会碰到不顺眼的人，婚姻和爱情生活中也是如此。如果你没有学会宽容，就会活得痛苦，活得累。宽容是一种风度，是一种情怀，宽容是一种溶剂，一种相互理解的润滑油。宽容像一把伞，它会帮助你在雨季里行路。有时候，宽容对方，也就成全了自己的幸福。

加拿大的魁北克有一条南北走向的山谷。山谷没有什么特别之处，唯一能引人注意的是，它的西坡长满松、柏、女贞等树，而东坡只有雪松。

这一奇异景观是个谜，许多人不知所以，一直没有令人满意的结论。揭开这个谜的竟是一对夫妇。

那是 1983 年的冬天，这对夫妇的婚姻正处于破裂的边缘。为了重新找回昔日的爱情，他们打算作一次浪漫之旅，如果能找回就继续生活，如果不能就友好地分手。他们来到这个山谷时，下起了大雪。他们支起帐篷，望着满天飞舞的大雪，发现由于特殊的风向，东坡的雪总比西坡的雪来得大，来得密。不一会儿，雪松上就落了厚厚的一层雪。不过当雪积累到一定程度，

雪松那富有弹性的枝丫就会向下弯曲，直到雪从枝上滑落。这样反复地积，反复地弯，反复地落，雪松完好无损。可其他的树，如那些松树，因为没有这个本领，树枝被压断了。西坡由于雪小，总有些树挺了过来，所以西坡除了雪松外，还有松、柏和女贞之类的树。

帐篷中的妻子发现了这一景观，对丈夫说："东坡肯定也长过杂树，只是不会弯曲才被大雪摧毁了。"

丈夫点头称是。少顷，两人像突然明白了什么似的，相互吻着拥抱在一起。

丈夫兴奋地说："我们揭开了一个谜：对于外界的压力要尽可能地去承受，在承受不了的时候，学会弯曲一下，像雪松一样让一步，这样就不会被压垮。"

这对夫妻的奇遇告诉我们，在婚姻爱情生活中，要学会承受，学会宽容，宽容别人就是成全自己。

宽容是一种美德，是对犯错误的人的救赎，也是对自己心灵的升华。不要想着对方如何得罪了你，给你造成了多少损失。想想对方是不是值得让你如此发火。他是故意的还是无心的？平日待你如何？给对方一个机会，就是给自己一个机会。对于一些人，宽容远要比惩罚有效。也许只是一时的失误，也许只是一闪而过的歪念。人总有犯错误的时候，不要过于苛刻。

爱人之间难免有碰撞、有摩擦、有矛盾，或许对方根本就是无意，或许对方有难言之隐，退一步天地宽，不妨试着置之一笑，给别人也给自己一次机会，也许会有意想不到的收获。而对于那些在你看来不能宽容的错误，你要相信，爱人是可以改变的。若要改变别人，先试着改变自己。不要总是认为江山易改，本性难移。有时候，只要有信心，人是可以改变的。或许是为了友情，或许是为了爱情，抑或是为了亲情。要用发展的眼光看待他人，尤其是对于相爱的人。也许你无法容忍对方的一些毛病，如果你还爱着对方，就给他机会去改变。但是，严格要求对方的同时，也要严格要求自己，对于自己的一些为对方所不能容忍的毛病，一样要加以改正。永远不要严于待人，宽于待己。

小丽是个长相美丽的女人，前些年，她的丈夫做工程赚了很多钱，便有外遇的苗头，小丽发现后十分激动，说要闹到丈夫单位里让他名誉扫地，要跟他离婚。她的一个女友问她："你想要什么结果？如果你不想要这段婚姻可以去，如果你们还有感情，还有挽回的余地，那就应该冷静下来，想想应该怎么处理。"

小丽说自己对丈夫还是有感情的，他们毕竟是患难夫妻，从丈夫一无所有到现在的应有尽有。女友继续劝她说："你家老公能有今天的成功与光鲜，与你多年来的调教是分不开的，为什么你要把这个胜利果实让给别人呢？聪明的女人是不会这么做的，事情走到今天这个地步你自己有没有好好地反思过？"

后来，小丽找她丈夫的情人深谈了一次，彻底断了他们的念想。现在他们已经和好如初，甚至比以前还恩爱。

在丈夫有出轨的苗头时，小丽如果不理智，采取一些过激行为，也许结果只能是一拍两散，各奔东西。的确，一个家庭建立起来不容易，靠的是一砖一瓦、一丝一缕的温暖与感情，但摧毁它却是轻而易举。一个和谐的家庭关系，是需要经过一段漫长的、心心相印、风风雨雨的过程，这也是每个人一生必修的功课，需要双方不断自我反省和调整，更重要的是，两个人有着宽容大度的胸怀，在爱中学习爱。

可能在婚姻和爱情的磨合期，很多人都想努力改造对方，要对方变得完美，一旦对方犯了什么错误，就把这段辛辛苦苦经营的爱情打进地狱，这是爱情痛苦的根源。但我们要知道，尘世中的哪一种生活也称不上完美。不求完美，我们的心中便会多一份坦然和满足，换言之，也就是多了一份幸福。

在感情的世界里，爱人之间最重要的基础，是宽容、尊重、信任和真诚。宽容是善待自己，善待爱情的最好方式，即使对方做错了什么，只要心是真

诚的,就应该重动机而轻结果,这样才能唤回幸福的爱。另外,如果彼此相爱,为什么不多一份宽容与忍耐呢?充分地理解对方的行事风格,不苛求,不责怨,如此,必然给对方以爱的源泉,爱情才会和美幸福。

的确,无论是爱情还是婚姻,说白了就是两个人如何相处,最高境界的相处之道莫过于糊涂。俗话说:“难得糊涂”,大度一点,糊涂一点,你会发现,呈现在你眼前的一切都那么美好。

放手的爱是一种解脱

爱情是世间最为美妙的东西,因此才会有那么多人不断地追求与向往。爱情也应该是人世间最美好的一种情感,所以才会让人品味到一种难以言明的幸福。爱情应该有超强的磁力,所以人们不惜耗尽一生的精力去追求。

生活中无不存在着得与失、进与退、去与留、成功与失败,坚持与放弃,面临着一个个主动或被动、有意或无意、巧合或错过。有得必有失,有失必有得。有时候,得到的未必是最好的,或者说不是最适合你的,也未必长久;失去的也未必是好的,是你最想要的,爱情正是如此。

任何人,只有结束不适合自己的恋情,才是一种解脱,才能给自己机会,重新寻找新的幸福。

他是一名大学教师,已经三十好几的他,还没有找到对象,家里急了,他自己也急了。于是,在朋友的介绍下,他认识了在某事业单位的她,见面之初,他们都对彼此的谈吐很中意。很快,在所有亲朋好友的祝福下,他们结婚了。

但在他们成为夫妻后,才发现彼此在很多问题上存在很大的分歧,于是,他们经常吵架,没有哪一天是安静的。最终,刚结婚半年的他们,就决定离婚。但令周围朋友奇怪的是,离婚后的他们反倒关系好了,彼此间遇到什

么麻烦事，对方总是出手相助。他开玩笑地和朋友说："可能是婚姻束缚了我们吧。"

的确，正和故事中的男女主人公一样，当爱情不存在时，如果我们还死死抓住，不肯放手，那么，只能伤人伤己，而适时放手，则是一种解脱。因此，分手、失恋都不必太在意，因为昨天即使再美好，也必将成为过去，今生还有很长的路要走，更重要的是过好今天，把握明天；又不可能不在意，毕竟经历过，付出过，期待过，追求过，也曾拥有过。

有时候，失恋也未必不是好事。也许，那段你以为刻骨铭心的恋情，其实并不是你真正需要的爱情。有道是：强扭的瓜不甜。爱是两个人的事，不能一厢情愿。爱与被爱，彼此欣赏，相敬如宾，忠贞不渝，互悦互助互动，才是爱的真谛和最高要义的外在形式。那种多角恋、朝三暮四、始乱终弃、见异思迁、喜新厌旧，或视爱情如游戏，视婚姻如交易及恋爱动机不纯的现象，充斥着神圣的爱情伊甸园，成了当今文明社会"情感市场"的一大景观。同时，真正地爱一个人，也会尊重对方的选择，处处为对方考虑。即使不能在一起，心中依然有爱，不会也不可能将爱变成一种伤害，化爱为恨。那种因爱之深则恨之切，报复毁灭他人的做法，是不懂爱、误解爱、曲解爱，是狭隘的占有心理在作祟。既不可取，也不理智，还玷污了爱的神圣和原意。

为此，你必须正确认识失恋，恋爱与失恋都只是一种选择的结果，他没有选择你，并不表明你一无是处，而是彼此不合适而已。

你从失恋中获得的，是其他任何经历都不能给予的财富，在这个过程中，你可能会体会到一种难以遏制的痛苦、一种心灵的撞击，但正因为如此，你更应该把它当成一笔人生的财富，它使你有了更多的人生体验，使你在失恋中变得更加成熟。

失恋是另一场爱情的开始，你要明白，失恋对于你来说可能是一次挫折，但却给彼此另一次恋爱的机会。

其实，爱情本身是一种美。然而，有恋爱就有失恋。失恋这种痛苦的情

感体验会给人们造成不同程度的心理创伤，往往会使人处于强烈的焦虑、自卑、悲伤甚至绝望的消极情绪中，也会使一些人产生自暴自弃、对人不信任、猜忌、报复等不良心理障碍。从这个角度讲，失恋可以称为人生中最严重的心理挫折之一。然而，失恋也是个人成长的一部分，如果你能正确对待，它就会成为生命中的一种蜕变和提升！因此，任何一个人，都必须以达观的心态面对爱情，要学会坦然面对爱情带来的悲欢离合，走出失恋的阴影，继续在美好的人生路上轻舞飞扬。

人生潇洒走一回，别被一事一物纠缠

人们常说，生命的意义不在于其长度，而在于其宽度和高度，这句话是对生命意义的高度抽象化的概括。我们一直在苦苦地思索着怎样才能使生命有意义，这其实也很简单，就是树立一种积极、达观的生活态度。不同的人有不同的人生态度，但达观的人往往都能放下束缚自己手脚的一事一物，向往自然洒脱的生命状态。“我还年轻，我渴望上路，带着最初的激情，追寻着最初的梦想，感受着最初的体验，我们上路吧！”这是凯鲁亚克的诗，更应该成为我们一生追逐的梦想——潇洒走一回。

关于这两种态度，有人会认为它们大同小异，甚至是相同的。的确，从本质上讲，它们却有很多相似之处，比如，它们所追求的，都是无拘无束、自由自在、豁达的人生。然而，在实际运行中，它们却有极大的不同。庄周梦蝶，其意在表达，人生本就是一场梦，须臾即逝，因此，大可不必整日忙着追逐功名利禄，金钱、物质等带不走的虚无缥缈的东西，只有自由才是最大的快乐。而潇洒的人生态度的重点则在于让我们尽情地享受生活的乐趣，不管你是贫穷还是富有，聪明还是愚笨，只要你有一颗积极乐观的心，你的人生就会充满乐趣，就会五彩缤纷。

而现实生活中，牵绊人们脚步的因素似乎总是很多：

有个成功的企业家，他的成功可谓是一路艰辛。他从十几岁就开始给别人帮工，每天都是早起晚睡，整天都是忙忙碌碌，好像他就没有休息过，也没有参加过任何的娱乐活动。那段日子，他的梦想是，将来自己有一间铺子就好了。

几年后，他终于开了一间铺子，且生意不错。此时，他告诫自己，自己的生意，更不能放松，于是仍然起早贪黑，匆匆忙忙，休息时间更少了。他想，等将来生意做大了就好了。

又过了几年，他的生意果然做大了，拥有了数间很大的门市，每天货进货出几百万元的资金流动，他更不敢放手给别人去做，还是自己苦拼，联系货源，接待客户，管理账目……没黑没白的，忙得如有狼在后面追一般。看他真的好辛苦，有人就劝他："你放一放可以吗？好好休息一天，看看世界会不会大变！"

他回答："不行，我不做时，别人会做的，前面的那些大户我会追不上的，后面一些中小户又逼上来，放一放，我会落在后面的。"

终于有一天，他累倒了，被迫躺在病床上不能动了，以前高速运转的日子一下停下来，他终于可以静静地想一下匆匆而过的人生了。有一次，他亲眼看到一个病人被抬进手术室之后便再也没回来，那个病人很年轻，刚刚还与自己谈过出院后要去旅行。他看着对面空空的病床，心不由一震，顿时大彻大悟了：人由生到死其实只是一步的事，这一步，自己却走得太过沉重啊！一直以来，自己的名利心太重，想要的太多，然而真正得到的却很少。如果不是这次病倒，他会一直拼到 50 岁、60 岁，甚至更久，没有娱乐，没有休息，最后两手空空地离开这个世界，这是一件多么可悲的事啊！康复后，他像变了一个人似的，生意还在做，只是不那么拼命了，他不再去追前面的大户，也不怕后面的小户追上来，甚至错过一笔很有赚头的生意也不会在意，人们还经常在高尔夫球场上看到他，有时他也慷慨地与家人坐飞机到外地

旅游。

他终于懂得了生活的意义，终于找到了所谓的放下——这颗人生中最宝贵的钻石。

生命如此脆弱，假如你有一个“行千里路”的梦想，却被周遭的事物牵绊住的话，那么终有一天，生命会因不堪重负而轰然倒塌，而你的梦想从未实现。

的确，人生如同一次旅行，区别在于你的行程有多远。有的人一生都在行走，路线也在不断地变化，而大多数人则选择有一个安定的家，人生绝大多数的行程也局限在一个以家为圆心的小小的圈子之内。这两种路途并没有什么好坏之分，就像是看书一样，每一个人对同一本书的理解都是不尽相同的，每一个人都会因为自身的人生经历读出不同的韵味来，正如“一千个读者就有一千个哈姆雷特”。生活态度是基于人本身对自己的理解而为的，每一个人都是不同的，就像卢梭说的那样：“我独一无二，我知己知人，我天生与众不同；我敢说我不像世界上的任何人。如果我不比别人好，那么我至少跟别人两样。大自然造就了我，然后就把模型打碎了。”这是一份自信，也是一种积极的人生态度。

当然，无论我们选择哪条路，我们都要洒脱地面对生活，面对生命。只有潇洒一点，你的心就不会老去，心中永远有用不尽的激情，眼睛里时时刻刻都是新鲜的风景，这样的生活不禁会让我们萌生无限的遐想和向往。让我们在清晨的阳光下上路，追随着潇洒者的足迹，一起感悟那些在路上折射出来的不尽的哲思之美。

放下是果敢为事的睿智——举棋若定，赢得大局

人们说，人生是艰难的航行，绝不会一帆风顺。的确，尤其在追求人生目标的过程中，更是处处充满诱惑，充满抉择，而放下正是一门选择的艺术，是人生的必修课。“明者远见于未萌，智者避危于未形。”没有果敢的放弃，就没有成功的选择。与其苦苦挣扎，拼得头破血流，不如潇洒地挥手，勇敢地放弃。当然，放下不是噩梦方醒，不是六月飞雪，也不是优柔寡断，更不是偃旗息鼓，而是一种能“两弊相衡取其轻，两利相权取其重”的睿智，是一种举棋若定、以大局为重的智慧。

放下空想，让自己放手去做

有位伟人曾说过："世界上只有两种人：空想家和行动者。空想家们善于谈论、想象、渴望甚至设想去做大事情；而行动者则是去做！你现在就是一位空想家，似乎不管你怎样努力，你都无法让自己去完成那些你知道自己应该完成或是可以完成的事情。不过，不要紧，你还是可以把自己变成行动者的。"行动者比空想家做得成功。这是因为，行动者一贯采取持久的、有目的的行动，而空想家很少着手行动，或是刚开始行动便很快懈怠了。行动者具备有目的地改变生活的能力。他们能够完成非凡的事业，与此形成鲜明对比的便是，空想家只会站到一边，仅仅是梦想过这些而已。

那么，活在当下的我们，如果你希望自己成为一名成功者，那么，从现在开始，你就要放下空想，给自己规划一个详细的人生目标，并根据自己现有的自身条件去为之奋斗。只要你这么想了，也这么做了，那么你的人生最终就是成功的。

俗话说："空谈误国，实干兴邦。"大到国家，小到个人，万事万物都是由小到大。或许你现在做着看似不着边、没有前景的工作，但我们要坚信，事物发展的道路是迂回曲折的。巴纳德曾说过："机会只偏爱那些有准备的人。"成功的秘诀在于开始着手。现在就采取行动，决不拖延，行动高于一切！把握现在的瞬间，从现在开始做，心动不如行动。愚公正是因为没有空想，才用行动移开了大山。

愚公的屋前有一座大山，他每天都要绕过大山，走到山的另一面。他觉得这样下去，会给他带来很多麻烦，因此就想把山移走。于是，他每天就花一点时间去"移山"，直到他死了，"移山"的工作始终没有停止，他的子子孙孙锲而不舍。最终，大山被移到他的屋后。愚公付出了行动，默默地耕耘，经过多年的风雨，终于看见了阳光。这是因为他少空想，多行动的原因。

在很多人的心中，可能也和愚公一样，都有一个远大的理想。然而他们往往缺乏坚定的信念，顽强的拼搏精神与必胜的信念，因此他们的目标只停留在口头上，难道这种“说话的巨人”也能轻易取得成功吗？这些人经常“三天打鱼，两天晒网”，根本就不付诸行动，试问，这样怎能实现远大的理想呢？

但凡历史上每一个伟人，无不是既拥有超前的思想和超凡的行动力，又通过发挥自己的优势而赢得荣誉的。但凡每个社会上成功的人士，无不是思想与行动的统一体，并通过自身的努力才获取成功的。一句话，行动促就梦想。说一尺不如行一寸，也只有行动才能缩短自己与目标之间的距离，只有行动才能把理想变为现实。成功的人都把少说话、多做事奉为行动的准则，通过脚踏实地的行动，达成内心的愿望。

有一名保险推销员叫孟列，他非常喜欢打猎和钓鱼。有一天，当他依依不舍地离开心爱的鲈鱼湖，准备打道回府时突发奇想：在这荒山野地里会不会也有居民需要保险？他可不可以沿铁路向这些铁路工作人员、猎人和淘金者拉保呢？

孟列在想到这个主意的当天就开始了积极计划。他向一个旅行社打听清楚以后，就整理行装。他不肯停下来让恐惧乘虚而入，因为在他看来，自己吓自己会使自己的主意变得荒唐，以为它可能会失败。他也不左思右想找借口，他上船直接前往阿拉斯加的“西湖”。

孟列沿着铁路走了好几趟，那里的人都叫他“走路的孟列”，他成为那些与世隔绝的家庭最欢迎的人，不只是因有人愿意跟他打交道，还因为他是第一个来向他们推销保险的人。

在孟列把突发的一念付诸实行后，他一年之内就做成了百万元的生意，因而赢得“百万圆桌”上的一席地位。

由此我们可以看出，孟列是个实实在在的行动主义者，从他的故事中我们更加验证了一个道理，立即执行是成功永远不变的法则，只有行动才是成

功的保证，不要给自己停下来左思右想的机会，更不要驻足，勇敢往前走，成功就在前方！

的确，即使你是一只雄鹰，如果不努力振动，又怎能展翅高飞呢？即使你才高八斗，如果不努力拼搏，又怎能走向成功呢？即使你的后盾力量再强，如果不努力发展，又怎能脱颖而出呢？这一切都说明：行动胜于空想。

所以，不要怕实践你的梦想，不要因为恐惧而裹足不前，不要当生命走到尽头时，才恍然大悟原来你是有机会实现梦想的，只是你放弃了。有了梦想就不要空想，不妨勇敢地去实践生命的感觉！不要在意别人的嘲笑。如果没有勇气去大胆地尝试，你永远都不知道自己的潜力有多大！

消除各种顾虑，方能果敢为事

作为一个平凡的人，我们每个人都害怕失败，于是，人们在执行自己的想法前，都会产生各种顾虑，都会迟疑不定。实际上，正是因为迟疑，人们开始恐惧、左思右想，最终被恐惧打败而不敢行动。在任何一个领域里，不努力去行动的人，就不会获得成功。世上没有任何事情比下决心、立即行动更为重要，更有效果。因此，如果你想让自己更有勇气去执行，那么，就放下各种顾虑吧。

在现实生活中，很多人就是因为左顾右盼没有具体行动而最终一事无成。

一天，有人问一个农夫他是不是种了麦子。农夫回答："没有，我担心天不下雨。"那个人又问："那你种棉花了吗？"农夫说："没有，我担心虫子吃了棉花。"于是那个人又问："那你种了什么？"农夫说："什么也没有种。我要确保安全。"

其实，我们又何尝不和农夫一样呢？在行动前，我们往往为自己想好了失败之后的退路，这样永远都不会成功，只会与目标渐行渐远。所有的成功者都必定有着果断的执行力。一直以来，你可能认为自己是个勇敢的人，但一旦到真正可以表现自己勇气的时候，却左右迟疑、不敢付诸实践。其实，这不是真的勇敢。因为勇敢不是停留在言语上，而是要放手去做的。世界著名的交响乐指挥家小泽征尔就是个敢于倾听自己内心声音的人。

一次，他参加了世界优秀指挥家大奖赛的决赛。比赛开始后他按照评委会给的乐谱指挥演奏。但演奏了一段时间后，他发现按照乐谱演奏，会出现一些不和谐的声音。起初，他以为是乐队演奏出了错误，就停下来重新演奏，但即使这样，还是不对。他觉得是乐谱有问题。

在他对乐谱产生质疑后，他向评委提出了疑问，但是，在场的作曲家和评委会的权威人士坚持说乐谱绝对没有问题，是他错了。面对一大批音乐大师和权威人士，他思考再三，最后斩钉截铁地大声说："不！一定是乐谱错了！"话音刚落，评委席上的评委们立即站起来，报以热烈的掌声，祝贺他大赛夺魁。

原来，这是评委们精心设计的考验参赛者们的"圈套"，以此来检验这些参赛者在发现乐谱有问题后是否敢于提出质疑并敢于在权威人士的压力下坚持自己的主张。在小泽征尔前面，有两位指挥家也发现了乐谱的问题，但终因随声附和权威们的意见而被淘汰。小泽征尔却因充满自信而摘取了世界指挥家大赛的桂冠。

从小泽征尔的故事中，我们发现，只有排除干扰，放下顾虑，走自己的路，坚持自己的梦想，并大胆实践，才能找到真理的曙光。

我们在追求人生目标的过程中，之所以会左右顾虑，有时候，除了经验的缺乏让我们不敢下决心外，还可能因为受到一些外在因素的干扰，但只有果断才是心中的灯光，时刻照亮成长的航标。哲人说得好，你听到的一切并不完全正确，也不要因他人成功的议论而鄙视自己，否则就会陷入自卑的"心灵监狱"。我们常常发现有些人除了拿别人的优点与自己的缺点比较

外，还喜欢听信那些不该信的话，他们认不清自己身上蕴藏着无穷无尽的潜力，心绪萎靡，不知不觉中为自己营造了自卑的“心灵监狱”。

生活中，总有人慨叹：其实我并不喜欢现在的生活，我更想……谈了一大堆的计划，一大堆的梦想，可是，最后他们并没有去实践。如果问为什么，他们还会摇摇头说：不行啊，无奈啊，没办法啊……真的有那么无奈吗？既然无力改变又何必总是埋怨？如果埋怨、不满，又为何不去努力改变？

如果你留心一下周围形形色色的人，就会发现，少数人活得快乐、惬意并不是因为他们有很多钱，也不是因为他们有更好的房子、工作，他们只不过是能够真正地为实现梦想而努力，怀着最真诚的心去追求自己想要的东西。

当你对工作对生活有了最初的梦想，你是不是能够大胆地去实践？还是仅仅把它作为一个遥不可及的梦想，最后只能默默地埋藏在心底，到老了才感到莫大的遗憾？

我们大多数人都与梦想渐行渐远。为什么呢？因为我们都认为梦想终归是梦想，只把它当成遥不可及、无法实现的目标。我们有很多理由，例如，我没有足够的资金开创自己的事业；我的学历不高；竞争太激烈，做这个太冒险了；我没有时间；我的家人不支持我……没有足够的资金，没有学历，没有这个或者那个，其实都是缺乏意志力的人为自己找的冠冕堂皇的借口。别忘了那句最常听说却最容易忽略的话：事在人为。

量力而行，放下逞强之事

现今社会是一个充满机遇和诱惑的时代，富贵险中求！比如，在投资市场，很多人正是充满激情，正是敢于冒险，从而最终把握了投资市场的机会，获得了巨大成功。其实，神话和现实往往只在一念之间，综观那些取得辉煌成功人士的背后，我们发现他们都有一个共同的特质，那就是富于激情、敢于冒险，在与风险的搏击中获得了成功。有人说，没有冒险就没有成功，这句话虽然说得有些绝对，但冒险在某种程度上意味着成功的开始。但这并不意味着，追求成功，只需要激情而不需要理智。一个真正成功的人，必当是二者兼备的。正如克劳塞维茨说："只有通过智力的这样一种活动，即认识到冒险的必要而决心去冒险，才能产生果断。"因此，在追求成功的过程中，我们有需要懂得放下的智慧，对于那些逞强之事，与其冒险不如及早放下。"螳臂当车"的故事就证明了自不量力只会导致失败甚至是自取灭亡的道理。

春秋时，鲁国有个贤人名叫颜阖（hé），被卫国灵公请去当其太子蒯聩（kuǎi guì）的老师。颜阖听说蒯聩是个有凶德的人，到卫国后，就先去拜访卫国贤者蘧（qú）伯玉，请教如何教好蒯聩。蘧伯玉回答说，您先来问情况是对的，有好处，但要想用您的才能教好太子是很难达到目的的，并进一步说道："汝不知夫螳螂（同螂）乎？怒其臂以当车辙，不知其不胜任也，是其才之美者也。戒之，慎之！"意思是：螳螂鼓起双臂来阻挡前进的车轮子，它不知道自己是力不胜任的，而是确实认为自己的这种举动是好的，是有益的。颜阖啊！您的心是好的，但您的作为像螳臂当车一样，您要戒备啊！慎重呀！

这个成语出自《庄子·人间世》。"螳臂当车"用来比喻自不量力。常言道："物极必反""水满则溢"。当我们在处理问题时，要留下一点回旋的余地，掌握"留下一点空白"这个处理问题的技巧。一根铁丝做成的弹簧是有弹性的，但是，如果我们不顾及弹簧弹性的最大承受力，过于用力拉拽它，那么最终的结果是弹簧的弹性会削弱、消失。所以，我们做事情要考虑自己的能力所及，尽量做到量力而行，量体裁衣，留有空白，留有余地。更不能做自己根本做不到的事情。

量力而行，就是要按照有多大能力解决多大问题，合理确定工作目标。每个人集中学习、实践活动的时间有限，不可能解决所有问题，因而我们的

目标应该是有限和切合实际的。

小李是一名销售总监，最近，他一直向他的朋友吐苦水，说他们老板一直想学马云的破釜沉舟，不停给他下死命令："北京市场，下个月你就要给我拿下来，拿不下来就是无能！"

"不要给我摆困难讲道理，我就是要全力进攻，总之一个字，拼。"

结局当然是劳民伤财，公司上下费了一番功夫，但是收效了了。

他苦笑："人家马云给下属砸出那句话的同时，还铿锵有力地将数亿元的市场费用砸过去……钱落地的时候，咣当咣当的响声就震死了几个竞争对手。而我们老板给的那点经费，只够放几挂鞭炮给自己壮壮胆子……"

可能很多人和故事中的这位老板一样，都希望自己也成为一个成功人士，但在学习榜样前，请先看下面这个小故事：

有一只乌鸦，经常看到鹰从悬崖上俯冲下来，叼走一只小羊羔。志存高远的乌鸦开始学习老鹰的姿态：展翅、俯冲、急转、腾空……终于练得差不多了。

有一天，它看准一只小羊羔，呼啦啦地从山崖上俯冲下来，猛扑到小羊羔身上，狠命地想叼起来，但爪子却被羊毛缠住了。

牧羊人随手抓住它，大笑："就你这鸟样儿，也想充老鹰。"

这个故事再次向我们证明了做事要量力而行的道理。果断的同时，还必须理智地思考，凡事不能打无准备之仗。

的确，智慧是永恒的制胜法宝。世间事，尽在人为，没有什么功业是侥幸成功的。假如你有智谋、心机和本领，不管从事什么职业或事业，俱可占天时、据地利、靠人气求生存谋发展，以尽可能少的付出和牺牲摘取成功的桂冠。没有智谋、心机和本领，就不可能适应现代生活的挑战，更谈不上运筹帷幄，决胜千里了。

总之，做什么事情都要根据自己的能力而定，不要做自己力不能及的事，这样只能让自己头破血流，或者误入歧途。所以，我们在做事情时，要时时刻刻掂量自己，时时刻刻要知道自己是谁？自己几斤几两？有几分力量？不要过高地估计自己的德行和力量，也不可以过低估计对方的德行和力量，一定要量力而行，量体裁衣，既要知己，也要知彼。只有这样，方能有更多胜算的把握。

瞻前顾后的犹豫会让你一事无成

生活中，我们常常需要作抉择——实行或者不实行，我们总是试图通过我们最精确的思考，获得我们最想要的结果。但实际上，很多时候，正是因为我们过多的思考，导致了我们瞻前顾后，不敢行动，成功的机会也就在“做”与“不做”之间流失了，留下的也只有遗憾。正如一位作家所说：“世界上最可怜的又最可恨的人，莫过于那些总是瞻前顾后，不知道取舍的人，莫过于那些不敢承担风险，彷徨犹豫的人，莫过于那些无法忍受压力、优柔寡断的人，莫过于那些容易受他人影响、没有自己主见的人，莫过于那些拈轻怕重、不思进取的人，莫过于那些从未感受到自身伟大的内存力量的人，他们总是左右摇摆，最终自己毁坏了自己的名声，最终一事无成。”

的确，现实生活中，不乏这样的人，他们激动得多，行动得少。谈论得多，真干得少。因为他们在准备实践时，总是考虑这个考虑那个，最终错失时机，后悔莫及。最大的成功并不是那些嘴上说得天花乱坠的人，也不是那些把一切都设想得极其美妙的人，而是那些脚踏实地真干的人。其中，成功因素不足、自信不足、心态消极、目标不明确、计划不具体、策略方法不够多、知识不足、过于追求十全十美等，这些都是人们瞻前顾后、不敢行动的原因。

有一个年轻人，长相帅气，为人厚道，但就是有个缺点，做事优柔寡断，就连追女孩子也是如此。

一天，他很想到他的女朋友家中去，找他的女朋友出来，一块儿消磨一

个下午。但是，他又犹豫不决，不知道他应不应该去，恐怕去了之后，或者显得太冒昧，或者他的女朋友太忙，拒绝他的邀请，于是他左右为难了老半天。最后，他勉强下了决心去了。

但是，当车一进他女朋友住的巷子时，他就开始后悔不该来：既怕这次来了不受欢迎，又怕被女朋友拒绝，他甚至希望司机把他现在就拉回去。车子终于停在他女朋友家的门前了，他虽然后悔来，但既然来了，只得伸手去按门铃，现在他只好希望来开门的人告诉他说："小姐不在家。"他按了第一下门铃，等了 3 分钟，没有人答应。他勉强自己再按第二次，又等了 2 分钟，仍然没有答应，于是他如释重负地想："全家都出去了。"

于是他带着一半轻松一半失望回去，心想，这样也好，但事实上，他很难过，因为这一个下午都白白浪费了。

事实上，他万万没有想到的是，他女朋友原本就在家里，这个女孩从早晨就盼望男朋友会突然来找她，带她出去消磨一个下午，她不知道他曾经来过，因为她家门上的电铃坏了。

故事中，这个年轻人如果不那么瞻前顾后，如果他像别的来访者一样，按电铃没人应声，就用手拍门的话，他们就会有一个快乐的下午了。

瞻前顾后的行为习惯使人丧失许多机遇，很多时候，很多事情，如果我们能横下一条心去做，事情的结果就会大不一样。

可见，有时候，思虑周全并不为过，但千万不能瞻前顾后。所谓不要瞻前顾后，就是不要考虑别人如何评价我们、如何看待我们、我们能得到什么回报，得到什么奖励、表扬、荣誉等。别人的评价是在事情发生之后，不可能在我们的行动之前或同时，而且是在咱们做过之后很久，才会有客观的中肯的评价。事实上，许多事是应该用勇气和决心去争取的。

有一位先生，他是某公司经理，他有一种不允许别人有机会扰乱他意志的长处，往往在别人还在他旁边唠唠叨叨地叙述事情的困难时，他已经把他的办法想出来了，干净利落，从不拖泥带水。

他那种明快果决的本领，令人十分折服，而我们一般人，却常常做不到这样。当我们被问题所困扰，因为我们太容易被周围人的闲言碎语所左右，太容易瞻前顾后，患得患失，以至于给外来的力量左右我们的机会。谁都可以在摇晃不定的天平上放上一颗砝码，随时都可以使人们变卦，结果弄得别人都是对的，自己却没有主意，这真是我们成功途中的一大障碍。

要想放下这种忧愁思绪，自然第一得先训练自己对真理的判断能力，但最重要的还是要训练自己在判断之后，坚定、勇敢、自信地把这个判断付诸行动。对一个朝既定目标迈进的人，别人一定会为他让路，而对一个踌躇不决，走走停停的人，别人一定抢到他前面去，绝不会给他让路。

那么，如何克服这种阻碍我们的行为习惯呢？经验证明以下方法卓有成效，不妨一试：做事时，要有“今天是我们生命中的最后一天”的“荒诞”意识。

“假如今天是我生命中的最后一天”，这是美国畅销书《世界上最伟大的推销员》的作者奥格·曼狄诺警示人生的一句话。真的，无论是谁，无论想干一件什么事，如果优柔寡断的话，都会一事无成。而这种意识，恰恰是一把利刃，可立即斩断你的忧思愁缕，也像一口警钟，督促你当机立断，刻不容缓。

同时你还要放下包袱不顾一切，要有一种豁出去的心态。“大不了就是做错了”“大不了就是被人笑话一顿”，而这些又能对你怎么样呢？一旦你有了这样一种意识，肯定就会敢做敢当，优柔寡断的现象肯定会在你身上消失得无影无踪。

不要小看了优柔寡断的习惯给我们带来的副作用，许多改变命运的契机，都因为优柔寡断而与我们失之交臂，永不再来。

放下眼前的琐事，赢得更多时间

俗话说："一心不能二用。"专注与执着是成功的关键。而现实生活中，每个人在每天的工作生活中都要面对大大小小的事情，如果不进行统筹安排，把时间和精力都放在了那些琐事上，那么，很可能手忙脚乱而正事却没有头绪。因此，如果你想获得成功，就必须学会放下眼前的琐事，以赢得更多的时间，做到有的放矢。

有这样一位陆军中校，他叫蓝迪。他所在的管理咨询公司中，除了创立者以外，他是唯一不是工作狂的人。后来他来到一个遥远的国家，创办了一个自己的公司，这家公司发展很快。这家公司的员工也都来自家乡，他们工作起来很努力、认真。作为他的员工，他们都很羡慕蓝迪，因为蓝迪每天除了参加重要会议外，其他事务则授权给年轻合伙人处理。

蓝迪虽是公司领导者，却不管任何行政事务。他把所有精力放在思考如何在与重要客户的交易中增加获利上，然后再安排用最少人力达到此目的。蓝迪的手上从不曾同时有 3 件以上的急事，通常一次只有一件，其他的则暂时放在一旁。为蓝迪工作的人在时间效率上充满挫折感，因为同蓝迪比起来，他们的效率实在是太低了。

可以说，蓝迪就是个工作效率高的领导者。他之所以能成功管理自己的团队，就是因为他懂得抓大放小，放下那些琐事，把主要精力放在更为重要的事情上。与蓝迪不同的是，很多企业领导者每天不得不面对繁忙的工作，还有来自公司、同事及下属的压力。各方面的压力使他们疲于应付，抽不出时间做真正该做的事：解决根源性问题、统筹布局、培养下属。压力还使他们心力交瘁，持续处在焦虑状态中，在工作中难以发挥最大成效。诚如一位管理者所言，"做一个主管，要注意目标，就像游泳一样，要一边游，一边看前方，不要一头撞到池壁才知道到了。不要花太多时间在小问题上，要多花时间在目标上。"

渴望成功的我们，应当从这一案例中有所领悟，一个人要想成功，就必须学会管理时间，有效利用时间，不是成为时间的奴隶。善于管理时间的人，并不是事必躬亲、眉毛胡子一把抓，而是懂得放下的智慧，放下琐事，着眼于大目标。

如果你把精力放在小问题上，就会忘记自己的目标，会丧失创造力，或者至少会逐渐枯竭。生活和工作中，有些人好像总是很忙，其实常常都是空忙，他们每天花90%的时间却只作出了10%的成效，这种缺乏效率的一个主要原因是他们只注意小处。花90%的时间，本来至少可以作90%的贡献，现在只有10%，这效率已经是低得不忍卒读了。究其原因，还是一个该拿什么该放什么的问题。智者从来都懂得取舍。

因此，成功做事的精髓就在于：分清轻重缓急，设定优先顺序。成功人士都是以分清主次的办法完成自己的计划。因此，为自己做一个优先顺序表是养成"计划行事"好习惯的第一步。

在紧急但不重要的事情和重要但不紧急的事情之间，你首先去办哪一件？面对这个问题你或许会很为难。

实际上，工作有条理的人都明白轻重缓急的道理，他们在处理一年、一个月、一天的事情之前，总是按主次的办法来安排自己的时间：

首先，把重要的事情放在第一时间处理。

当然，你确定了重要的事情后，也并不一定能解决好，因为越是重要的事情，越需要花精力去处理。为此，你不妨根据以下三条建议处理：

第一步，你需要估量一下你所处理的事情所需要的时间、回报以及满足感等。

第二步，排除你不必要做的事，把要做但不一定要你做的事委托别人去做。

第三步，记下你为达到目标必须做的事，包括完成任务需要多长时间，谁可以帮助你完成任务等。

其次，精心确定主次。

如果你已经制订了关于每一天、每个月甚至是每年的计划，知道自己这段时间要做什么，那么，在此之前，你还必须对这段时间的安排做到精细化，要做到这一点，你要问自己四个问题：

未来一段时间，我的目标是什么？根据这一原则，你可以在近期内将那些和自己目标无关的事全部排除。

最重要的事是什么？要分清缓急，还要弄清自己需要做什么。总有些任务是你非做不可的，重要的是你必须分清某个任务一定要由你做，或是否一定要由你去做。

能让我取得最大利益的事是什么？什么事该用80%的时间做最高收益的事情，而用20%的时间做其他事情，这样的计划是最具有战略眼光的。

从哪些事情中我能获得快乐？什么能给我最大的快乐？人的一生无论你做过什么，只要你问心无愧，轻松快乐，那么，你的人生已经很完美了。

总之，凡事预则立，不预则废。我们在做事的过程中，都应该明确方向、目标，一定要清楚做事的目的是什么？重点有哪些？要做什么？怎么做？希望达到什么样的效果？这样做之后是不是真的能得到想要的结果？俗话说“马壮车好不如方向对”，方向错了，再怎么努力都枉然。

权衡利弊，不要为小利纠结

生活中，在我们的周围，总有一些人以为自己很聪明，懂得抓住眼前利益。事后他们却发现，原来自己是舍本求末，因为自己贪图一时利益而失去了更大的利益空间。相反，那些智慧之人，往往都具有更长远的眼光，他们在行事之前，都会权衡利弊得失，更不会因为一些蝇头小利而一叶障目，他们懂得放下，可见，眼光在生命的价值中折射出放下的智慧。具备长远的眼光，放下小利，方可成就大业。

古今中外，有很多人因为鼠目寸光而失去长远发展的机会，也有多少人因为眼光长远而成就丰功伟业。我们先来看“伤仲永”和“孟母三迁”的故事。

从前，村子里有一个孩子叫仲永，从来没有读过书，等到他五岁时突然有一天大哭大闹起来，说要纸和笔，可他们家里实在是太穷了，连一支笔和一张纸都拿不出来。家里的人都劝他，他不听，结果只好在邻居家借了一张纸和一支笔。他马上不哭了，还写了一手好字呢！结果村外的和村内的人知道后都叫他去写字了，他父亲便带着他到处去给人写字，有的人为了感谢他就给了他一些银子，他父亲认为仲永能帮他挣钱了，就不让他去读书，而以此为谋利的手段。

很多年后，有一个村子里的人回乡，问：“仲永现在如何了？”有人回答：“跟普通人没什么两样了。”

仲永本身是个资质不错的人，可最终却“泯然众人”。这就是因为他的父亲鼠目寸光，以仲永现有的天资为谋取利益的资本，而没有给仲永提供良好的学习环境，导致他“小时了了，大却不佳”的不幸结局。

战国时，有一个很伟大的大学问家孟子。孟子小的时候非常调皮，他的母亲为了让他受好的教育，花了好多心血。有一次，他们住在墓地旁边。孟子就和邻居的小孩一起学着大人跪拜、哭嚎的样子，玩起办理丧事的游戏。孟子的母亲看到了，就皱起眉头：“不行！我不能让我的孩子住在这里了！”随后孟子的母亲就带着孟子搬到市集旁边去住。到了市集，孟子又和邻居的小孩学起商人做生意的样子。一会儿鞠躬欢迎客人，一会儿招待客人，一会儿和客人讨价还价，表演得像极了！孟子的母亲知道了，又皱皱眉头：“这个地方也不适合我的孩子居住！”于是，他们又搬家了。这一次，他们搬到了学校附近。孟子开始变得守秩序、懂礼貌、喜欢读书。这时候，孟子的母亲

很满意地点着头说:"这才是我儿子应该住的地方呀!"

和仲永的父亲不同,孟母很重视孟子的成长环境,她三迁只为了为孟子寻找合适的学习、居住环境,不愧是关心子女且有长远眼光的范例,是许多望女成凤、望子成龙的父母学习的典范。其实,现实生活中,也有这样的父母。

一日,一位女士领着她还在上幼儿园的孩子逛街,遇到了一个乞丐。这乞丐非常文明地向她讨要1元,理由是要给家里打个电话。这位女士忍不住翻了翻钱包,但她发现,自己除了10元的纸票,根本就没带零钱。这时乞丐搭话了,"没关系,你给我10元的,我再找给你9元吧!"这是个职业乞丐,这位女士马上就作出了判断。

最终她还是给了那个乞丐1元。

后来,朋友问她,为什么明知那人99%是骗子,还往套儿里钻呢?

她说:"当着不懂事的孩子的面,我必须'帮助'那乞丐,我要让孩子学会帮助别人,同时我还得教会孩子怎么区别真善美和假恶丑。"

放弃1元的小利,换来孩子健康成长的大利,这位女士算是用了大智慧,具备长远的眼光。

事实也证明,懂得放弃眼前的利益,甚至是吃点小亏的人,最终获得的是比当时还要大上几倍甚至几十倍的收益。在现实生活中,无论是与人竞争还是与人合作,我们都不要总是计较眼前的利益,而是要把眼光放长远些,懂得从长远利益出发,舍小利为大谋,这正是一种人生倒推的博弈智慧。

第十二章

放下是挣脱束缚的力量——释放心灵，开合自如

人们常说，人生就像一次旅行，随着路途的增加，心灵垃圾也会逐步增多，而人若想轻松，首先就要为自己释压，解放自己的心灵。你若想快乐，就得学会淡泊，学会释然，学会宽恕，以一颗平和的心看人、处事。放下是人生的智慧，你放下的是一种浮躁，一种束缚，一种莫须有的猜忌，是久在尘世的喧嚣，而收获的却是人本性的纯朴、内心的宁静。

“空杯心态”让身心保持活力

心理学中有种心态叫“空杯心态”。何谓“空杯心态”？我们不妨先来看下面一个故事：

从前，有个学者，他自认为佛学造诣很深，他听说山上的寺庙里有个德高望重的老禅师，便前往拜访。

刚开始，是老禅师的徒弟接待了他，对此，他很傲慢，觉得是老禅师怠慢了他。后来，老禅师出来了，并为他沏茶。可在倒水时，明明杯子已经满了，老禅师还不停地倒。他不解地问：“大师，为什么杯子已经满了，还要往里倒？”大师说：“是啊，既然已满了，干吗还倒呢？”

禅师的意思是，既然你已经很有学问了，干吗还要到我这里求教？

这就是“空杯心态”的起源，“空杯心态”就是不断清洗自己的大脑和心灵，把外在和内在的过时的东西、心灵的杂草、大脑的垃圾等，统统一洗了之，让身心干干净净，清清爽爽。

的确，我们如果总是停留在过去的成就、荣耀中，那么，便不能以虚心的心态去求知，便总是驻足不前。因此，如果你想让自己的内心变为更为强大宽广，如果你想在人生路上继续前进，那么，你就必须懂得放下的智慧，放下过去的兴衰荣辱，以空杯心态面对未来。

当然，“空杯心态”并不是一味地否定过去，而是要怀着否定或者放空过去的一种态度，融入新的环境，对待新的工作、新的事物。永远不要把过去当回事，永远要从现在开始，进行全面的超越！当“归零”成为一种常态，一种延续，也就完成了你人生的全面超越。

关于知了，人们认为，在远古时代，它们是不会飞的。

一天，知了看见一只大雁在空中自由自在地飞翔，十分羡慕。它就请大雁教它如何飞。大雁高兴地答应了。

学飞是一件很辛苦的事。知了怕吃苦，一会儿东张西望，一会儿跑东窜西，学得很不认真。大雁给它讲怎样飞，它听了几句，就不耐烦地说：知了！知了！大雁让它多试着飞一飞，它只飞了几次，就自满地嚷道：知了！知了！秋天到了，大雁要到南方去了。知了很想跟大雁一起展翅高飞，可是，它扑腾着翅膀，怎么也飞不高。

这时候，知了望着大雁在万里长空飞翔，十分懊悔自己当初太自满，没有努力练习。可是，已经晚了，它只好叹息道：迟了！迟了！

其实，在我们生活的周围，有多少这样的“知了”，就有多少这样的“迟了”。它们取得一点点成绩后，就自我满足，被过去的成绩束缚成长、进步的脚步，于是，它们安于现状，故步自封，坐失良机。圣经《箴言》中说：“没有远见的地方，人们就会灭亡。”而获得远见卓识就要靠持续地学习和不断地进步。

当今社会，我们的心态总是不断地接受着来自物质引诱的考验，很多时候，我们在追求目标的过程中，可能并没有意识到自己的心灵已经被那些虚幻的美好理想束缚了。生活远没有理想那么简单，理想的存在固然可佳，可我们更要做的是，如何让理想接受现实的催化。就像一件被打造的利器，不经过烈火的炙烤，重锤的锻造怎么能成为利器？清空你的心灵，你就会接受失败的馈赠，成功的赏赐。

既然是清空，那么心灵怎么会有垃圾呢？对曾经的成功、过时的褒奖、短暂的胜利、过期佳绩的迷恋，当然，还有失望、痛苦、猜忌、纷争……每个人不但要正视自己的优点，更要正视自己的缺点。你的优点可以促使你成功，缺点又何尝不会让你在平淡乏味的生活中体会意外的精彩？每个人的生活都可以丰富多彩，不要让生活因为你的缺点有所欠缺。或许你不知道清空之后心灵会有什么样的改变？

哈佛大学校长来北京大学访问时，讲了一段亲身经历：

有一年，这个校长心血来潮，准备过一段与众不同的生活，于是，他向学校请了假，然后告诉自己的家人，不要问我去什么地方，我每个星期都会给家里打个电话，报个平安。

接下来，他一个人，带着简单的行李，去了美国南部的农村，开始了他所谓的与众不同的生活——农村生活。他到农场去打工，去饭店刷盘子。在田地做工时，背着老板吸烟，或和自己的工友偷偷说几句话，都让他有一种前所未有的愉悦。最有趣的是，最后他在一家餐厅找到一份刷盘子的工作，干了4个小时后，老板把他叫来，跟他结账。老板对他说："可怜的老头，你刷盘子太慢了，你被解雇了。"

3个月后，这个"可怜的老头"重新回到哈佛，回到自己熟悉的工作环境中，却发现，一切原本熟悉的东西顿时变得新鲜起来，工作成为一种全新的享受。

可能对于这个哈佛校长来讲，这3个月的经历，简直就像一个调皮的孩子搞的一次恶作剧，新鲜而有趣。原本扬扬自得，甚至呼风唤雨的哈佛大学校长，自认为的博学与多才，在新的环境中却一文不值。更重要的是，回到一种原始状态以后，就如同儿童眼中的世界，也不自觉地清理了原来心中积攒多年的"垃圾"。

从这个故事中我们发现，只有定期给自己复位归零，清除心灵的污染，才能更好地享受工作与生活。

可以看出，空杯心态是我们拥有好心态的关键。有了好的心态，才能让我们更彻底地认识自己，挑战自己，为新知识、新能力的进入留出空间，保证自己的知识与能力总是最新的，你才能永远在学习，永远在进步，永远保持身心的活力。

放下伪装，做回最真实的自己

环顾当今世界，新情况、新事物层出不穷，人与人之间的关系变得日益复杂，为了事业、前途，在领导、同事、朋友面前，有些人为了求平安，丢失了真实的自己，并美其名曰适应时代潮流。事实上，长时间的伪装只会让自己身心俱疲。不难否认，那些能追求真实自我的人往往生活、工作得更快乐、舒心。

陶渊明之所以归隐田园，就是因为他不愿伪装自己、屈尊与悭吝之流同流合污。

公元405年秋天，陶渊明为了养家糊口，来到离家乡不远的彭泽县当县令。这年冬天，他的上司派来一名官员视察，这位官员是一个粗俗而又傲慢的人，他一到彭泽县的地界，就派人叫县令来拜见他。陶渊明得到消息，虽然心里对这种假借上司名义发号施令的人很瞧不起，但也只得马上动身。不料他的秘书拦住陶渊明说："参见这位官员要十分注意小节，衣服要穿得整齐，态度要谦恭，不然的话，他会在上司面前说你的坏话。"一向正直清高的陶渊明再也忍不住了，他长叹一声说："我宁肯饿死，也不能因为五斗米的官饷，向这样差劲的人折腰。"他马上写了一封辞职信，放弃了只当了80多天的县令职位，从此再也没有做过官。

陶渊明能不为五斗米折腰，放下官场，归隐田园，就是一种洒脱，一种放得下的气度！在古代，和陶渊明一样，不愿伪装自己而曲意逢迎的人着实不少，李白的"仰天大笑出门去，我辈岂是蓬蒿人"也是一种写照。然而，那些以为伪装就能保全自己而最终玩火自焚的人也大有人在。

元朝末年，元军和朱元璋的义军在黄河以北展开拉锯战，百姓苦不堪言，谁来了都要欢迎，在门上贴上红红绿绿的欢迎标语。河南怀庆府百姓为省钱省事，在一块薄木板的一面写上"欢迎元军，保境为民"，在另一面写上"驱除鞑虏，恢复中华"。哪方来了，就翻出哪方的标识。一次，朱元璋的大将军常遇春率军进驻怀庆府，进城见家家门口的木牌上满是欢迎标语，心里很高兴。突然，一阵狂风刮来，木牌掀倒，反面全是欢迎元军的标语。结果，那些挂两面牌的人被常遇春下令满门抄斩，而那些挂"欢迎元军"的却被饶命。

从这个例子我们可以发现，那些曲意逢迎，玩两面派的人，是很容易引

火烧身的。

当然，所谓的伪装不一定是恶意的，或者是自私的。有时候，伪装是为了顾全大局，或者为了夹缝中求生存，或者为了所谓的面子。但无论哪种目的的伪装，都是对最本真的自我的一种掩饰，都是一种身心的折磨。可以说，那些长久伪装的人，必当是身心俱疲的。在市场经济的今天，许多人深感活着真不容易，大抵也就是这个原因。虽然现在不会有掉头的危险，也不用担心会留下千古骂名，但一个不会做自己的人，可能有自己独到的见解吗？遇到挫折时，能义无反顾往前走吗？这样的人，不仅会让人觉得没有原则，而且不会得到朋友、同事、领导的信任。

生活中，我们常常听到大人们教育孩子："不要太有个性，要对什么人都好。"在这种情况下，许多人学会把自己包装起来，但这样做真的会有好处吗？

我们再来看一个好学生的日记：

聪明、听话、成绩超棒、老师们都喜欢我……从小，我就是听着周围这样的赞扬声长大的。周围的同学都很羡慕我，可又有多少人知道，我更羡慕他们。我知道自己并没有他们说的那么好，只是我比他们更善于伪装。

有时，我也想放下伪装，和他们一样疯玩一阵，直到大汗淋漓才停下来休息。小学里，下午第二节课后有长达半小时的课间，教室里只能留下值日生，其他人都在操场上活动。老师不允许我们剧烈运动，回教室若看到谁面红耳赤、气喘吁吁，便让他们站在门口，直到恢复平静才能进教室。尽管如此，同学们依旧先疯玩 20 分钟，剩下 10 分钟休息。而我，每次捧一本书坐在一边，却看不进什么东西。其实我也想和他们一起玩，但是我害怕。我害怕同学们说"好同学也不过如此，只会在老师面前装乖"，我害怕老师说"一点好学生的样子也没有"。每次听着老师的表扬、同学们的羡慕或不屑之词，我一阵苦笑。

有时，我也想放下伪装，好好在周末休息，不往返于各种提优班之间。从小学三年级起，妈妈就问我是否要去上英语提优班。我真的不想去，其实我的英语学习才刚刚开始，我可不想基础还未扎稳就拼命跑。但是，我"很高兴”地答应了，妈妈也很高兴地为我报了名。于是，我越来越多的时间花在上课和写作业之间。纵然心中很无奈，但我知道我没有拒绝的权利。与其被动接受，不如主动迎接，这样起码妈妈是开心的。

有时，我也想放下伪装，轻轻松松地学习，无论成绩如何，不受其他人的过度关注。每次考试，我都会尽心尽力，我的成绩与名次受很多人的关注。我不敢有稍稍的懈怠，不敢让自己的成绩下滑。每次我考试成绩都很好，父母也很高兴，我看上去也很高兴，可只有我自己知道内心的苦涩。

可能这是很多学习成绩优异的孩子们的心声。在荣誉的光环照耀下，他们不得不变成父母、老师眼中的乖孩子，但他们内心的苦涩、艰辛，害怕失败的担心，只有他们自己知道。也许，他们失去更多的是一个孩子的真正的快乐。

诚然，现实生活中，我们不可能毫无限制地做真实的自我，毕竟，人们常说，做人不能太单纯，应该懂得适度伪装自己。可是伪装自己时，心是很累的。但为了让自己的心灵释压，让自己快乐，你不妨放下伪装，做回真实的自己。你会发现，原来你也可以不受束缚！

放下私心和猜忌，才会增进友谊

人类作为群居动物，都需要朋友，需要友谊之水的滋养，困难之时都需要朋友的一臂之力，心情低谷时都需要朋友的一句宽慰，荣耀之时都需要朋友衷心的祝贺和分享。然而，可以说，在人类所有的情感中，友情是最需要信任和付出的，私心和猜忌是友情的致命敌人。正如有人说：“假如我们都知道别人在背后怎样谈论我们的话，恐怕连一个朋友都没有了。”这并不是一句否定人与人之间友情的话，相反，它可以告诉我们，对背后的闲话尽可不必去认真打听和计较。信任你的朋友，放下你的私心和猜忌，你一定会收获友谊的果实。

在我国，有个“疑人偷斧”的故事，大概已经妇孺皆知了。

一个人丢了斧头，在没有弄清事情真相以前，总是怀疑别人偷了他的斧子，且怎么看怎么像，连吃饭走路说话办事都像个小偷儿。当他找到斧子之后，才知道自己怀疑错了。

"世间本无事，庸人自扰之"，问题的症结就是自己的猜忌和多疑。

人与人之间的友谊是经不住猜忌和私心的考验的。被人们认为是智慧化身的诸葛亮，也是个猜忌心重的人。

诸葛亮精明能干，且能任人唯贤，但却因为过于明察而生疑人之心。他对人不信任，大事小事无不亲自过问，出将入相，茕茕孑立。诸葛亮对投受降之将魏延始终用而不信，怀疑他有反叛之心，致使军事上失去"股肱"之助。诸葛亮死后，又发生魏延的冤案，蜀汉元气大伤，造成"蜀中无大将，廖化作先锋"的不利局面。

实际上，自古以来，和诸葛亮一样，不知有多少人因为猜疑而疏远了朋友，中断了友谊，甚至断送了江山。猜忌实在是害人又殃人。

同时，疑心不仅是对友谊的一种摧残，更是对心灵的一种折磨。杯弓蛇影的典故就是很好的例证。弓影投映在盛酒的杯中，好像小蛇在游动，饮者以为真把小"蛇"给吞下去了，越想越恶心，结果害得自己重病一场。这才是天下本无事，庸人自疑之，疑心太重，到头来自讨苦吃。

其实，在生活中，你可能遇到过类似的情况：某天你走进办公室，大家讨论的话题突然终止，你在怀疑大家是不是在聊你的八卦；你的上级已经有一个月没有询问你的业绩问题了；你最亲密的好朋友最近好像在躲着你……碰到这些事情，你心里是不是开始犯嘀咕：是不是觉得别人有什么事情瞒着自己？

对别人无端的猜疑，貌似无端，实则有端，猜疑源于狭隘的私心。"以小人之心，度君子之腹"，疑心太重的人，总怕别人争夺自己的所爱、所求、所得，怕别人损害自己的利益，终日疑神疑鬼，顾虑重重，你对别人不放心，别人能对你坚信不疑吗？虽说防人之心不可无，但是时时提防、处处疑心，还会有知心朋友吗？

我们不能否认，每个人都会疑心，这是一种在社会生活中自我保护的正常的心理活动。但所谓的自我保护，是相对于那些相交甚浅甚至是陌生人的，而对于自己的朋友，则应该以信任为基础。如果对待朋友处处设防，就不正常了。

实际上，无端的猜忌属于心理不健康。多疑的人心胸狭隘，斤斤计较，患得患失，与人相处，眼里坏人总比好人多，所以朋友很少，更无至交。他们思想飘忽不定，心无主见，容易受人挑唆，无中生有，怀疑一切。由于心理不健康，往往生出许多事端，自己给自己制造麻烦，事后又常常后悔不迭。

因此，如果你希望获得友谊，就必须放下猜忌和私心。

为此，首先，你需要多站在对方的角度考虑问题：

当你看到朋友做出某一种事情和决定时，要用心体会对方做出事情和决定的原因或者事情本身究竟与朋友有何利害关系，而不应该先入为主，用自己的利害标准来衡量对方的作为而产生猜忌和误解。

其实，有些事情与本身根本无任何利害冲突，如果非要与自己挂钩就会在彼此之间产生猜忌和痛苦，伤害彼此之间的感情，甚至作出一些冲动的决定，伤害自己和对方。所以，冷静地看待问题就是不要以自己的利益为基础，一旦不能客观地看待问题的实质，就必将产生不客观的结论——猜忌和误解随之产生，失去朋友的可能性就会大大增强。

其次，放下猜忌，需要你主动沟通，打开心结。因此，对于那些你一时心怀疑虑、厘不清的问题，不妨说出来，向你的朋友倾诉，解决问题的最好方式就是沟通。只要积极沟通，就能及时化解。这样不仅减轻了自己的心理负担，和朋友的关系也会越来越亲近，自然就离多疑越来越远。

总之，猜忌问题的根本在自己，只有不断地战胜自我，才能放下多疑心理。战胜自己的狭隘，就会心怀坦荡开朗；战胜自己的偏激，就会理智处事；战胜自己的浅薄，就会多一些宽容；战胜自己的孤僻，就会多一些友谊。这样不断战胜自我，才会迎来美好、和谐、舒畅、顺达的人生。

放下悲伤，让心装满快乐

人生苦短，有喜就有悲，正如天气有晴有阴一样，阳光不会一直照耀着我们。正如旅途一样，生命之旅也不会一帆风顺，总会有羁绊出现。那些羁绊、那些不如意，难免会让我们悲伤，但如果我们在旅途中把悲伤都逐个装进行囊，那么，恐怕我们的路会越走越艰难，步子也会越来越沉重。只有放下悲伤，让内心装满快乐，才能轻松上路。

1985 年 9 月 19 日 7 时 19 分，墨西哥西南岸外太平洋底发生 8.1 级强震，震波约 2 分钟到达墨西哥城。顿时，该城整个大地突然剧烈颤动，仅仅 90 秒的时间，市中心 30%的建筑物便化为瓦砾。在这次地震前的几小时，可爱的胡安娜·哈斯敏·阿利亚斯出生了，在那场灾难中，她失去了妈妈，但同时她又很幸运，她是当年警察和士兵们从墨西哥城华雷斯医院废墟里救出的第一个孩子。

爸爸因为无法承受失去妻子的痛苦而和年幼的胡安娜疏远。一直以来，她都住在自己的姨妈家里。但当别人问胡安娜“那场灾难让你失去了母亲，你有什么想法?”时，胡安娜并不觉得又一次被触碰了伤疤，她从没觉得自己和身边的其他人有什么不一样。对她而言，抚养她长大的姨妈给了自己全部的爱，她就和母亲一样。妈妈能给予的，姨妈也毫无保留地给予了她。

胡安娜说，正因为知道自己能活下来就是生命的奇迹，所以她要做的就是“朝前看”。现在的胡安娜已经结束了在墨西哥工业技术研究和服务中心的时尚设计课程，她希望在政府专项帮助“奇迹婴儿”项目资金的支持下，再去学习英语，并上完大学课程。

的确，胡安娜的心态是值得很多人学习的，灾难已经发生，就不要再回首，把头抬起来，天空依然星光灿烂。苦难有时会置人于死地或让人颓废，但有时也会使人焕发巨大的潜能,快速地成长。

在生活中每个人都会有伤口,有的人愈合的天衣无缝,有的人留下累累疤痕,有的人在小小困难的刺激下,就面目全非。我们可以受伤,我们可以流血,但我们要在最短的时间内医治好自己的伤口,尽可能整旧如新。没有幸福,谁也别想留住健康。

然而,现实生活中,总有人一味沉溺在已经发生的事情里,不停地抱怨,不断地自责。这样一来,将自己的心境弄得越来越糟。这种对已经发生的无可弥补的事情不断抱怨和后悔的人,注定会活在迷离混沌的状态中,看不见前面一片明朗的人生。之所以这样,是因为经历的磨炼太少。正如俗语说的那样:天不晴是因为雨没下透,下透了,也就晴了。

在2008年5月发生的汶川大地震中,成千上万的人遭受了心灵无法弥补的创伤,许多未成年的孩子失去了亲人。但地震已经过去,就让那些悲苦的记忆也随着地震一起远去吧！只有坚强地活下去,才会让死者安心,让生者欣慰。

尘世间,变数太多。事情一旦发生,就绝非一个人的心境所能改变。伤神无济于事,郁闷无济于事,一门心思朝着目标走,才是最好的选择。相反,如果跌倒了就不敢爬起来,就不敢继续向前走,或者就决定放弃,那么你将永远止步不前。

放下悲伤才能重新起航。朋友,别以为胜利的光芒离你很遥远,当你拉上悲伤的黑幕,你会发现一轮火红的太阳正冲着你微笑。请用一秒钟忘记烦恼,用一分钟想想阳光,用一小时大声歌唱,然后,用微笑去谱写人生最美的乐章。

人生路上,在我们追求前方成功时,突然被无情的挫折打倒,我们痛苦悲伤,那些无穷尽的悲伤霎时间袭向我们,当一次次的努力尝试无果时,我们要开始反思了,反思自己是否被悲伤压抑得丧失了原本的能力。

日本作家中岛薰曾说:“认为自己做不到,只是一种错觉。”悲伤是一种消极的情绪,它会让你产生挫败感,你会认为自己什么都做不到。实际上,很多时候,正当你绝望时,希望就在前方等着你。因此,只要你放下悲伤,以

积极的心态去面对生活的挑战,你的生命就会有无限的可能。

使你感到悲伤的,一般都是过去的失败,以及过去难以磨灭的痛苦记忆,可能你也深知,只有放下悲伤才能快乐,但在你的内心始终难以从过去的悲伤中解脱出来。那么,你不妨从反方面思考一下,过去的已经过去,一味地沉溺于过去的悲伤中,不是也无济于事吗?既然如此,那么,忘记过去的成功与失败吧,给自己一个全新的开始,我们便会从未来的朝阳里看见另一次成功的契机。记住,无论你在人生的哪个时刻,被命运甩进黑暗,都不要悲观、丧气,这时候,你体内沉睡的潜能最容易被激发出来。放下痛苦才能赢得幸福,放下烦恼才能赢得欢乐!

因此,抛却那些伤心的往事吧,抛却那些失败后的懊恼吧,若想开心地生活,就必须勇于忘却过去的不幸,重新开始新的生活。莎士比亚曾说过:“聪明的人永远不会坐在那里为自己的损失而哀叹,他们会用情感去寻找办法来弥补自己的损失。”

总之,快乐的人总会给自己创造快乐,悲伤的人也总让自己变得悲伤,不是生活让你怎么样,而是你使生活怎么样。我们每个人都有自己的快乐,只是需要你去找到它,找到了就幸福了。

放下无止境的欲望,收获一颗平常心

现代社会,人们抱怨活着真累。而人为什么活得累?就是因为要的东西太多。情感、物质、名利,不但要拥有,还要拥有最好的。于是乎,追求无止境,欲望无止境,好不容易得到了,又这山看着那山高。于是乎,还得追求,还要奋斗。好不好呢?好。人如果没有了追求,岂不成了行尸走肉?但凡事有度,如果因为追求更高更好而放弃了已经拥有的东西,如果因为奋斗失去了享受的过程,那就本末倒置了。毕竟,不是每个人都能成为比尔·盖茨,也不是每个人都能成为商界精英、政界豪客。所以，要想活得轻松，就得学会放下。放下无止境的追逐，放下永不知足的欲望。那么，你收获的将是一颗平常心，一份淡然的快乐！

我们先来看下面这样一则寓言故事：

一只正在偷食的老鼠被猫逮住。老鼠哀求："请放过我吧，我会送给你一条大肥鱼。"猫说："不行。"老鼠继续说："我会送给你 5 条大肥鱼。"猫还是不答应。老鼠仍不死心："你放了我，以后我每天送给你一条大肥鱼。逢年过节，我还会拜访你。"

猫眯起眼睛，不语。

老鼠认为有门儿了，又不失时机地说："你平常很少吃到鱼，只要肯放我一马，以后就可以天天吃鱼。这件事情只有天知地知，你知我知，其他人都不知道，何乐而不为呢？"

猫依然不语，心里却在犹豫：老鼠的主意的确不错，放了它，我能天天吃到鱼。但放了它，它肯定还会偷主人的东西，胆子越来越大。我再次抓住它，怎么办？放还是不放？如果放，它就会继续为非作歹，主人会迁怒于我，把我撵出家门。到那时，别说吃到鱼，就连一日三餐都没了着落。如果不放，老鼠或其同伙就会向主人告发这次交易，主人照样会将我扫地出门。如果睁只眼闭只眼，主人会认为我不尽职守，同样会将我驱逐出去。一天一条鱼固然不错，但弄不好会丢掉一日三餐，这样的交易不划算。

想到这些，猫突然睁大眼睛，伸出利爪，猛扑上去，将老鼠吃掉了。

猫是聪明的，它的选择也是正确的。面对老鼠的许诺，它最终还是选择了一日三餐。一日三餐便是它的底线。猫当然希望一日一鱼，但连起码的一日三餐都保不住的话，一日一鱼便成了水中月、镜中花。

可悲的是，现实生活中的一些人，总是不安于现状，他们并不是被那些"一日一鱼"所诱惑，而是永无止境地追求。于是，他们便在这所谓的追逐中失去了原本快乐的自我。

可能很多人都曾有过这样的经历：

很多年前，你过着贫穷的生活，你买不起这，买不起那，甚至食不果腹。那时，你告诉自己，一定要成为世界上最幸福的人，并为自己确立了奋斗目标：

一、买一套自己的住房和一辆车；

二、开一家自己的小公司，有几个甚至几十个人可以听从自己的指挥；

三、娶一个贤惠美丽的妻子，再为自己生一个可爱的孩子；

四、存款达到未来十年衣食无忧的额度。

可能这四种幸福的想往，在后期的工作和生活中会一一实现，可你真的感到幸福了吗？你是不是觉得自己依然每日在不知所措的情况下活着，是不是觉得自己的目标还没有实现？那些短暂的喜悦过后，你是不是依然觉得自己所有的努力和奋斗并不能真的让你感到快乐？

对此，你是否思考过，如果你没有那么多的追求，懂得享受当下的幸福，那么，又会是什么样的心情呢？

哲人说过，生活中缺少的不是美，而是缺少发现美的眼睛。其实，同样的道理，生活中缺少的不是幸福，而是人们不懂得放下，只有放下无止境的欲望，保持一颗平常心，学会享受阳光雨露，训练自己对幸福的敏感。

保持一颗平常心，是人生的一种智慧。有一颗平常心，才能正视现实。面对"花花绿绿""流光溢彩"不生非分之心，不做越轨之事，不做虚幻之梦。面对外界种种变化与诱惑，心不痒，嘴不馋，手不伸，脚不动，荣辱不惊，去留淡然，白天知足常乐，夜晚睡眠安宁，走路步伐稳健，说话句句在理。

人们常说："欲望无止境。"的确，人们尤其对物质欲望、富贵荣耀、名利的追求更是无穷无尽，这很可能会让我们迷失自己。只有保持一颗平常心，拿捏好分寸，才能得之淡然、失之坦然，才能幸福快乐地生活。

参考文献

[1]郭猛.学会忍耐受益一生的大智慧[M].北京:海潮出版社,2010.

[2]凹凸.学会忍耐懂得放下[M].北京:中国纺织出版社,2009.

[3]冠诚 .有一种心态叫放下[M].天津:天津科学技术出版社,2008.